U0170686

算學啓蒙校注

馮立昇　主審

中國珠算心算協會　整理

[元] 朱世傑　撰

高峰　劉芹英　溫冰　劉玲　校注

中州古籍出版社

· 鄭州 ·

圖書在版編目(CIP)數據

算學啓蒙校注／(元)朱世傑撰；高峰等校注. —鄭州：
中州古籍出版社，2020.5（2021.5重印）
　ISBN 978-7-5348-9055-0

　Ⅰ．①算… Ⅱ．①朱… ②高… Ⅲ．①古典數學－中
國－元代②《算學啓蒙》－注釋 Ⅳ．①O112

　中國版本圖書館CIP數據核字(2020)第037004號

SUANXUE QIMENG JIAOZHU
算學啓蒙校注

選題策劃　馬　達
責任編輯　馬　達
　　　　　董祐君
責任校對　唐志輝
裝幀設計　曾晶晶

出版發行　　中州古籍出版社
　　　　　　　地址：鄭州市鄭東新區祥盛街27號6層
　　　　　　　郵編：450016　電話：0371-65788693
經　　銷　新華書店
印　　刷　鄭州印之星印務有限公司
開　　本　16開（710毫米×1000毫米）
印　　張　11.25
字　　數　242千字
印　　數　1 001－2 000冊
版　　次　2020年5月第1版
印　　次　2021年5月第2次印刷
定　　價　78.00圓

算學啓蒙序

養安院藏書

嘗觀水一也散則千流萬派木
條萬枝數一也散則千變萬化老子曰數者
一也道之所生生於一數之所成成於九首
者黃帝氏定三數爲十等九章之名立焉周
公制禮作爲九數九數之流九章是已夫筭
乃六藝之一周之賓能教國子此九數也
歷代沿襲設科取士魏唐間筭學尤專如劉
徽之注九章續撰重差淳風之解十經發明

新編筭學啓蒙卷上

松庭老　世傑　編撰

縱橫因法門〔八問〕

此法從來向上因　但言十者過其身
呼如本位須當作　知筭縱橫數目眞

今有粟二百一十六斛每斛價錢二文問計
錢幾何　合　四百三十二文

今有絲一百四十四兩每兩價錢三百文問
計錢幾何　合　四十三貫二百文

新編算學啓蒙卷上

松庭朱 世傑 編撰

縱橫因法門 八問

縱橫ハ算籌ノ縱橫ナリ
ナル者ノ用ト云フ單位トハ一ヨリ九迄一ケタ宛ヲ云ナリ
法ハ法式此助ナリ門ハ何ノ部
何ノ類ト云ト同意ナリ後コレニナラヘ

此法從來向上因 但言十者過其身
呼如本位須當作 知算縱橫數目真

此法從來ハ從來ハモトヨリナリ向上因ハ因ト
是か先ツ算ノ根本コト麼發シタル辭ゾ
但言十者ニ一
七三十五ナドノ類ナリ
頁二餘ノ二六ノ十二八九七十二等何十ト云分八章ミ
位ヨリ一位進メテ作ルナリ

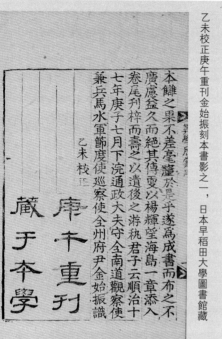

乙未校正庚午重刊金始振刻本書影之一，日本早稻田大學圖書館藏

乙未校正庚午重刊金始振刻本書影之二，日本早稻田大學圖書館藏

此書在東國為筭科試士
者也
中國侯之巳久　芸臺夫子
尚以未見為憾於四元玉鑒
提要屢發三為今以轉呈
君青先生　海東金正喜秋史識

新編筭學啟蒙卷上

松庭 朱 世傑 編撰

縱橫因法門八問

此法從來向上因　但言十者過其身
呼如本位須當作　知筭縱橫數目真

今有粟二百一十六斛每斛價錢二文計錢
幾何
　答曰四百三十二文
今有絲一百四十四兩每兩價錢三百文問計
錢幾何

道光十九年（1839）羅士琳揚州刻本書影，中國科學院自然科學史研究所圖書館藏

新編筭學啓蒙卷上

松庭 朱 世傑 編撰

縱橫因法門〔八問〕

此法從來向上因　佢言十者過其身

呼如本位須當作　知筭縱橫數目真

今有粟二百一十六斛每斛價錢二文問計錢

　幾何

　　答曰四百三十二文

今有絲一百四十四兩每兩價錢三百文問計

　錢幾何

同治十年（1871）江南製造總局影刻羅士琳揚州刻本書影，中國科學院自然科學史研究所圖書館藏

新編算學啓蒙卷上

松庭 朱 世傑 編撰

縱橫因法門 入問

此法從來向上因　但言十者過其身

呼如本位須當作　知筭縱橫數目真

今有粟二百一十六斛每斛價錢二文問計錢
幾何

答曰四百三十二文

今有絲一百四十四兩每兩價錢三百文問計
錢幾何

導　言

馮立昇

　　宋元時期是中國古代數學發展的輝煌時期，先後出現了一批傑出的數學家。其中被譽爲"宋元數學四大家"的李冶、秦九韶、楊輝和朱世傑的數學工作尤其受到國内外學界的重視，得到高度的評價。這四位數學家著有數學著作并流傳至今，對中國的數學發展産生了重要影響，楊輝和朱世傑的數學著作還對朝鮮半島和日本的數學發展起到過重要的促進作用。比較起來，朱世傑的數學工作專業性更强。他撰寫了《算學啓蒙》和《四元玉鑒》兩部數學傑作，其中《四元玉鑒》以其數學創造性著稱，而《算學啓蒙》是一部優秀的數學普及著作。

一、朱世傑的生平與數學成就

　　關於朱世傑的生平活動，目前所知甚少，僅從《算學啓蒙》和《四元玉鑒》兩部傳世著作序中可以了解到他的一些生平概況。

　　朱世傑，字漢卿，號松庭，十三至十四世紀之間人。《算學啓蒙》有大德己亥七月惟揚趙元鎮序，大德己亥爲 1299 年，惟揚即揚州。序中稱："燕山松庭朱君篤學《九章》，旁通諸術。"又《四元玉鑒》"大德癸卯上元日"（1303 年 2 月 2 日）莫若序稱他爲"燕山松庭朱先生"，《四元玉鑒》大德癸卯年"二月甲子"祖頤序稱其爲"吾友燕山朱漢卿先生"，故知他應是燕山（今北京附近）人，至少長期居住和生活在燕山一帶。莫若序中説，朱世傑"以數學名家周游湖海二十餘年矣，四方之來學者日衆，先生遂發明《九章》

之妙以淑後學，爲書三卷。"莫若序稱"漢卿名世傑，松庭其自號也。周流四方，復游廣陵，踵門而學者雲集。大德己亥，編集《算學啓蒙》，趙元鎮已與之版而行矣。元鎮者，博雅之士也，惠然又備己財，鳩工繡梓，俾之並行世"。《四元玉鑒》成書的大德癸卯年是 1303 年，當時朱世傑周游四海二十餘年，學生衆多，估計應當五十歲左右，他當生於十三世紀四十年代末或五十年代初，當在蒙古聯宋滅金之后。

至元十二年（1275），揚州（即廣陵）被元軍攻佔，由於揚州一帶是戰場，此時或之前一段時期，朱世傑不大可能到揚州遊歷講學。至元十六年（1279），南宋滅亡，元朝統一了中國。朱氏"復游廣陵"，當在 1279 年之後不久，即在他三十歲出頭時。朱世傑最初應是在北方學習數學，從他研究的主要數學内容天元術和發展建立起來的四元術來看，主要屬於金元北方系統的數學。在《四元玉鑒》中有題目内容與金元時期數學家李冶所著《測圓海鏡》的題目相近，也可説明這一點。但在《算學啓蒙》中，我們又可看到南方數學的影響，如卷首"總括"部分起始於"釋九數法"的九九乘法歌訣，與楊輝著作所載的由小至大的九九表一致。其"總括"的"九歸除法"歌訣等内容也具有南方數學的性質。這與朱氏後來長期在揚州等地講學有一定關係，他不可能不受南方數學的影響。①

朱世傑是一位傑出的數學家和數學教師，他可能長期以數學教育爲職業，因此在數學研究和普及方面均有突出成就。《四元玉鑒》是一部高水平的數學學術專著，主要講述四元術、垛積術、招差術和開方術等内容，在高次方程組的解法、高階等差級數求和及高次内插法方面有突出的成就，代表了當時數學的最高水平。莫若序中稱讚朱世傑"其學能發先賢未盡之旨，會萬理而朝元，統三才而歸極，乘除加減，鉤深致遠，自成一家之書也"。而祖頤稱其"高邁於前賢矣"。清代數學家羅士琳在其所撰"朱世傑傳"中對朱氏的數學工作給予高度評價："漢卿在宋元間，與秦道古、李仁卿可稱鼎足而三。道古正負開方，仁卿天元如積，皆足上下千古。漢卿又兼包衆有，充類盡量，神而明之，尤超越乎秦、李兩家之上。其菱草形段、如像招數、果垛疊藏各問，爲自來算書所未及。"特別是四元消法運算，羅士琳尤爲推崇："此中之變化

---

① 李迪，《中國數學通史・宋元卷》，江蘇教育出版社，1999 年，第 279 頁。

莫測，自然而然，可謂別具神奇，曲盡妙理，是誠算學中最上乘也。"① 羅氏稱朱世傑與秦九韶、李冶"鼎足而三"是十分中肯的，而説朱氏超越"秦、李兩家之上"也屬可信。這與現代數學史家的認識一致。杜石然先生認爲《四元玉鑒》"是古代籌算系統發展的頂峰"。② 著名科學史家喬治·薩頓（George Sarton，1885—1956）稱朱世傑是"他那個民族和他那個時代，并且甚至是一切時代的偉大數學家之一"。③

二、《算學啓蒙》的主要内容

《算學啓蒙》三卷，元朱世傑撰，大德己亥年（1299）趙元鎮刊行於揚州，分上、中、下三卷。祖頤認爲《算學啓蒙》與《四元玉鑒》"二書相爲表裏"。羅士琳指出，《算學啓蒙》"較《玉鑒》則便於初學，二書互有新義"。《算學啓蒙》雖爲算學入門書，但也是一部頗有新義的數學著作。全書"自乘除加減，求一穿輻，反覆還源，以至天元如積，總二十門，凡二百五十九問"。④

《算學啓蒙》目録如下：

上卷 8 門，113 問

縱橫因法門 8 問　　　身外加法門 11 問

留頭乘法門 20 問　　　身外減法門 11 問

九歸除法門 29 問　　　異乘同除門 8 問

庫務解税門 11 問　　　折變互差門 15 問

①羅士琳續補，《疇人傳》卷第四十七"朱世傑傳"，見馮立昇主編《疇人傳合編校注》，中州古籍出版社，2012 年，第 426—427 頁。

②杜石然，《朱世傑研究》，《宋元數學史論文集》，科學出版社，1985 年，第 168 頁。

③G. Sarton. *Introduction to the History of Science* Vol. Ⅱ，Part Ⅱ，1953，Williams and Wilking, Baltimore（Carnegie Institution Publications），p. 701.

④羅士琳續補，《疇人傳》卷第四十七"朱世傑傳"，見馮立昇主編《疇人傳合編校注》，中州古籍出版社，2012 年，第 425 頁。

　　上卷之前爲卷首"總括"，是全書的預備知識，共 18 項。依次爲釋九數法、九歸除法、斤下留法、明縱橫訣、大數之類、小數之類、求諸率類、斛斗起率、斤秤起率、端匹起率、田畝起率、古法圓率、劉徽新術、冲之密率、明異名訣、明正負術、明乘除段、明開方法。釋九數法爲"一一如一"到"九九八十一"正序九九口訣表，與楊輝《算法通變本末》"九九合數"的九九表相同。大數之類、小數之類、求諸率類、斛斗起率、斤秤起率、端匹起率、田畝起率屬於進位制和各種計量單位換算方法，古法圓率、劉徽新術、冲之密率爲三種圓周率。有些爲定義性的規定或運算法則，如明正負術、明乘除段、明開方法等。其中明正負術明確給出了正負數乘法法則，這不僅在中國數學著作中爲新內容，而且在世界上也屬首次出現。18 項多數具有歌訣形式，排列整齊。許多歌訣比楊輝給出的更加完整準確，有的已與現代珠算口訣幾乎完全一致。如九歸除法給出的歸除法歌訣，與現今珠算歸除法口訣相同，爲首次在中國數學著作中出現。之后刊行的珠算著作九歸除法口訣主要源自《算學啓蒙》。

　　《算學啓蒙》上卷八門。前五門包括了當時的各種乘除捷算法，其中第一至第三門分別爲乘數爲一位數、首位數爲一的、多位數的乘法，其中"留頭乘法"是首次在數學書中出現，后爲珠算書廣泛使用。四、五門分別是除數首位爲一的、除數爲多位數的除法，九歸除法門計算時使用歸除口訣進行。第六至第八門爲各種比例算法與利息算法。上卷許多問題反映了元代的社會經濟情況，涉及地價、糧食産量、商品價格與稅收等多方面的內容。

中卷七門。第一田畝形段門和第二倉囤積粟門主要介紹面積和體積（容積）算法。第三雙據互換門討論複比例和連比例計算問題。第四求差分和門包括雞兔同籠與和差等問題，還涉及了等差級數問題。第五差分均配門討論比例分配計算及相關問題。第六商功修築門爲土木工程涉及的土方計算與求積方法。第七貴賤反率門收錄了各種"其率"和"反其率"的算題，與《九章算術》粟米章"其率"和"反其率"算法類同。

下卷五門。第一之分齊同門主要內容是分數的四則運算問題。第二堆積還源門，主要討論各類垛積問題，涉及等差級數算法和高階等差級數之項數、和、末項的關係問題。第三盈不足術門，屬於傳統數學科目之一，與《九章算術》盈不足章問題的算法相同。第四方程正負門，爲線性方程組解法問題。最後一問應用了天元術求解。第五開方釋鎖門，收錄了各種開方類算題及涉及開方運算的應用問題，其中從第八問到結尾的二十七問全部用天元術解題。此門系統講解了利用天元術和開方術解決各類應用問題的方法，其中應用了增乘開方法，此門當爲全書的重點。

《算學啓蒙》從簡單的四則運算及其歌訣與各種比例算法入手，再到垛積、盈不足術、線性方程組解法，直至天元術和開高次方的增乘開方法等較高深內容，分門別類，由淺入深，循序漸進，有方法、有例題，構建了比較完整的體系，是一部上乘的數學啓蒙著作。

三、《算學啓蒙》的流播與影響

《算學啓蒙》最初刊行於元大德己亥年（1299），由於多種原因，該書於明代前期在中國已經失傳。直到 19 世紀 30 年代末中國數學家才獲得它的朝鮮刊本并在中國複刻，使其在中國再度流行開來。這部著作對中國明代和清初數學的發展沒有產生多大的影響，但它在同時期朝鮮和日本却相當流行，有極大的影響。

《算學啓蒙》最早是在何時、通過何種途徑傳入朝鮮的，由於缺乏確切的史料，細節尚不清楚。但是至遲在明代前期它已傳入朝鮮，却是可以肯定的。在朝鮮李朝初期，《算學啓蒙》便是官方指定的教科書。朝鮮世宗十二年（1430）製定的教育課程中有雜科"十學"，其中包括"算學"。據《李朝實録》"世宗十二年三月十八日"條記載，當時算學教育所用的專業書籍有"《詳明算》《楊輝算》《啓蒙算》《五曹算》《地算》"五種。前四種書即中國算書《詳明算法》《楊輝算法》《算學啓蒙》和《五曹算經》。其中前三書比較重要，朝鮮時代的權威法典《經國大典》所載算學考試科目的專業書籍只有此三種書。從文獻資料看，《算學啓蒙》在世宗六年（1424）之前已經傳入朝鮮。

　　《算學啓蒙》在朝鮮李朝受到重視，與國王世宗本人對數學事業的關心與直接參與有密切的關係。《李朝實録》"世宗十二年十月庚寅"條還有世宗曾親自學習《算學啓蒙》的記載："上學《啓蒙算》。副提學鄭麟趾入侍待問。上曰：算數在人，無主所用，然亦聖人所製，予欲知之。"

　　世宗時期朝鮮還翻印了當時急需的中國算書，現在尚存的有《楊輝算法》《算學啓蒙》和《詳明算法》。此三部書均爲朝鮮銅活字版，刊行於十五世紀前期。其中《楊輝算法》的刊行年代有準確的記録。現存該書的朝鮮刊本是宣德八年（即世宗十五年，1433）五月在慶州府翻印的，底本是明初杭州勤德堂刻本。《李朝實録》"世宗十五年八月乙己"條載："慶尚道監司進新刊《楊輝算法》一百件，分賜集賢殿、户曹、書雲觀、習算局。"即該書在五月刻成，八月進呈。這一朝鮮版《楊輝算法》尚存多部，以日本尤多，在内閣文庫、宫内廳書陵部各藏一部，築波大學圖書館藏有兩部。值得注意的是，與《楊輝算法》一道入藏築波大學圖書館的還有一部朝鮮銅活字版的《算學啓蒙》，書中沒有刊刻年代記録。但從刻版、印刷方式和排版形式等方面看，它與《楊輝算法》如出一轍。日本、韓國學者一般認爲兩者是同一時期的作品，推測這部《算學啓蒙》也是世宗時期（1419—1450）的刊本。筆者認爲這一推測是合理的。

　　日本築波大學圖書館所藏的《算學啓蒙》是目前世界上現存的此書最早的版本。此書押有養安院藏書印。養安院是陽成天皇賜給豐臣秀次的侍醫曲直瀬正琳（1564—1611）的號。由於他在文禄四年（1594）治療納言浮田家秀家室的奇疾很有效果，家秀將當時侵朝戰爭中獲得的數百卷書賜與他。由此可知，此書應是十六世紀末從朝鮮傳入日本的。

　　朝鮮銅活字版的《算學啓蒙》傳入日本之後半個多世紀，日本才有了

《算學啓蒙》的翻刻本。最早翻刻《算學啓蒙》是在萬治元年（1658），由久田玄哲加訓點後刊行。久田玄哲訓點本的排版形式與築波大學藏本相同，都是9行17字，文字內容也相一致。因此許多日本學者認爲其底本與現養安院藏本相同，爲傳入日本的朝鮮刻本。但也有學者認爲目前還難以斷定，據江户時期的書籍《數學紀聞》記載，此書由久田玄哲在京都東福寺內發現并購入，因而也有學者推測其底本爲鐮倉時代與佛書一同從中國傳來的元刊本。

朝鮮在十七世紀中期又重新刊刻了《算學啓蒙》。順治十七年（1660，朝鮮顯宗元年），全州府府尹金始振重刻了《算學啓蒙》，此後朝鮮又多次翻刻了金始振的刻本。現在中、日、韓均藏有金始振刻本的翻刻本。金始振（1618—1667），字伯玉，號盤皋，慶州人。其重刻《算學啓蒙》中有他本人的序，説明了刊刻該書的經過：

"余少也嘗留意算學，而東國所傳，不過《詳明》等書淺近之法。如《九章》、六觚微妙之術，鮮有解者，無可質問。歲丁酉，居憂抱病，無外事，適得抄本《楊輝算書》於今金溝縣令鄭君瀁。又得國初印本《算學啓蒙》於地部會士慶善徵。較其同異，究其源流，……《啓蒙》簡而且備，實是算家之總要。第其末端二紙漫漶過半，殆不可辨。今大興縣監任君瀋，於術無所不通，一見而解之，手圖而補其缺。其後偶得一抄本讎之，果不差毫釐，於是乎遂爲成書。"

金始振序中提到的"國初印本"，當指李朝初期的刊本，即前面所説世宗時期的銅活字本。金振始的刻本是目前所知《算學啓蒙》的第二個朝鮮刊本。這一刻本與銅活字本不同，爲10行19字。

序中提到的任瀋是當時朝鮮有名的數學家，20世紀四十年代在朝鮮總督府圖書館曾藏有任瀋的《新編算學啓蒙注解》一書。書中題"壬寅緝書注解"，壬寅當指順治十九年，即1662年。任瀋的書完成於金始振請他校補《算學啓蒙》之後不長時間，作爲校書工作的繼續，此書應當包含了他進一步研究《算學啓蒙》的成果。

筆者經眼的屬於金始振刻本系統的版本，根據序文後標記的校刊或重刊年代，可分爲三種：

順治十七年序，乙未校正庚午重刊中國羅士琳翻刻本及其他清刊本；

順治十七年序，庚午重刊（日本學士院圖書館藏）；

順治十七年序，乙未校正，庚午重刊（日本東北大學圖書館藏）。

這裏，順治十七年為 1660 年，之後三個乙未年為 1715 年、1775 年和 1835 年，羅士琳翻刻本的底本當在這其中的一個乙未年刊刻。1715 年後的兩個庚午年為 1750 年、1810 年。說明在金始振以後，朝鮮至少又重刊過《算學啟蒙》兩次以上，可見其流傳相當廣泛。

《算學啟蒙》對朝鮮數學的發展影響巨大。從十五世紀開始直到十九世紀，《算學啟蒙》一直是朝鮮官方的數學教科書，本身就說明了《算學啟蒙》在朝鮮數學中佔有重要的地位。《算學啟蒙》的內容和方法被朝鮮數學著作廣泛引用，在目前流傳的朝鮮數學典籍中多有反映。甚至有的數學著作的體例和內容也都是仿照或取材於《算學啟蒙》。李朝中期的著名數學家慶善徵所著的《嘿思集算法》就是這樣一部算書。

《算學啟蒙》對和算的影響更大。在久田玄哲訓點本刊行後不久，又有星野實宣的《新編算學啟蒙注解》於寬文十二年（1672）問世，此後又曾再版。此書有星野實宣的注解和說明，因而對於當時的學習者有一定的幫助，對《算學啟蒙》的廣泛流傳起了較大的作用。元祿三年（1690），著名和算家建部賢弘的《算學啟蒙諺解大成》七卷本刊行，此書是建部對《算學啟蒙》深入研究之後完成的，它對原書的內容作了詳細的注解，解明了其全部數學方法，此書對於元代數學知識，特別是天元術和線性方程組的解法在日本的傳播起了巨大的促進作用。此後研究、學習此書的人一直很多，現存數種日本人研究此書的寫本。

金始振的刻本是後來朝、中兩國流行的各種版本的母本。中國數學家在清代前期一直未見到《算學啟蒙》，十九世紀初發現了朱世傑的《四元玉鑒》，阮元、羅士琳等中國學者才了解到"是書與《玉鑒》相表裏，深以未見（《算學啟蒙》）為憾"。道光十八年（1838）春朝鮮學者金正喜訪問中國，攜帶了金始振刻本的《算學啟蒙》影鈔本三卷，贈送給中國數學家徐有壬。此時中國學者才得知《算學啟蒙》尚有傳本存在。不久，清代羅士琳獲得一金始振重刊本，於道光十九年（1839）由阮元作序，在揚州重新刊印。

金正喜所贈《算學啟蒙》三卷三冊現存美國國會圖書館，該書為"乙未校正，庚午重刊"金始振刻本之影寫本，內有金始振序。扉頁有金正喜題記：

"此書在東國爲算科試士者也，中國佚之已久，芸臺夫子尚以未見爲憾，於《四元玉鑒提要》屢致意焉，今以轉呈君青先生。海東金正喜秋史識。"① "芸臺"爲阮元的號。"君青"是徐有壬的字，又作"鈞卿"。金正喜（1786—?），字元春，號秋史，別號阮堂。金正喜早在1809年就曾跟隨其父金魯敬（酉堂）到中國訪學，與翁方綱、阮元等中國學者開始了交往。金正喜之所以自號阮堂，就是因爲"慕中朝儀徵相公（阮元）之學"。關於金正喜贈書的時間，由於《算學啓蒙》的中國翻刻本的阮元序和羅士琳跋均"未道及此事"，因此王重民先生認爲"正喜贈此書，應在道光十九年以後也"②。這一説法被許多學者接受，但這只是一種推測，缺乏確切的史料依據。

清代著名學者張穆（1805—1849）與金正喜多有書信來往。在張穆的詩集《月齋詩集》中載有他1845年爲金正喜所作的題畫詩，詩及自注中對贈書一事有清楚的説明，指出金正喜贈書時間是在中國翻刻《算學啓蒙》的前一年（1838）春。詩題是"爲朝鮮貢使李滿船（尚迪）題其師金秋史（正喜）所畫歲寒圖，即奉簡秋史，秋史慕中朝儀徵相公之學，故別署阮堂云（乙巳正月二十五日）"③。詩及注中包含與贈送《算學啓蒙》有關的内容，其中"前編補《玉鑒》，盛業恢松庭"一句下有注文："朱氏《算學啟蒙》，中國久軼。阮堂於其國得之，戊戌春來京，以贈徐鈞卿觀察。"道光戊戌即道光十八年（1838），説明金正喜贈書是在此年。詩文"阮堂所慕阮，見之喜且驚。趣付剞劂氏，及門校算精。原袟珍弄處，選樓峙高甍"後又有注文："儀徵相公得朱氏書，屬羅君次球校算付梓，原本貯文選樓。"説明阮元見到金正喜所贈徐有壬《算學啟蒙》，隨即請羅士琳校勘重刻。金正喜贈徐有壬的《算學啟蒙》爲金始振刻本影鈔本，現存美國國會圖書館，而羅士琳校勘的底本爲金始振刻本，原本存文選樓。羅士琳在刊刻《算學啓蒙》後記中稱："近聞朝鮮以是書爲算科取士，因郵浼都中士訪獲，是書爲朝鮮重刻本。"羅士琳未明言"都中士"，但可能與徐有壬有一定聯繫。據此可知，當時是通過北京的人士訪獲此書，這樣在其失傳數百年後才得以在中國重新流傳。羅士琳刊刻該書

①朱世傑，《新編算學啟蒙》，金正喜影鈔本，美國國會圖書館藏。
②王重民撰，《中國善本書提要》，上海古籍出版社，1982年，第280頁。
③張穆，《月齋詩集》卷三，《續修四庫全書》第1532冊，第375—376頁。

時在誤字旁標△示之，而不徑改原文，并撰《算學啓蒙識誤》和《算學啓蒙後記》附後。清末還有多個刻本，但諸版皆依揚州刻本翻刻。如同治十年（1871）江南機器製造局影寫重刊本、光緒八年（1882）吳氏醉六堂刊本、光緒十五年（1889）成都志古堂刊本、光緒二十一年（1895）上海著易堂石印本、測海山房《中西算學叢刻初編》本及《古今算學叢書》本等。

　　本次校注，採用日本築波大學圖書館所藏《算學啓蒙》李朝銅活字本（簡稱"銅活字本"）爲底本，同時參考中國科學院自然科學史研究所圖書館藏元禄三年（1690）建部賢弘《算學啓蒙諺解大成》本（簡稱"諺解本"）、日本早稻田大學圖書館藏金始振庚午重刊本（簡稱"金刻本"）、美國國會圖書館藏金正喜影鈔金始振庚午重刊本（簡稱"金鈔本"）、中國科學院自然科學史研究所圖書館藏道光十九年（1839）羅士琳揚州刻本（簡稱"羅刻本"）。除了銅活字本中原有的趙城序文外，同時在附錄中收錄了金始振、阮元序文以及羅士琳《算學啓蒙後記》。校注時，各參校本的異文情況在校勘記中也予以説明，以見諸本之異同。此外，對底本文字進行了統一，大多採用通行繁體字，所改字形如下表所示：

底本字形	採用字形	底本字形	採用字形
筭	算	粮	糧
緫	總	九	凡
盖	蓋	荅	答
猷、叙	猷	曳	曳
氂	釐	往	往
乗	乘	逺	遠
収	收	垜	垛
叚	段	秎	秭
步	步	鵞	鵝
倚	倚	㳂	沿
湏	須	舡	船
隂	陰	觧	解
窮	窮	㑹	會
冪	幂		

凡己巳已、母毋、木才等古籍刻本常見的字形錯誤，一般不做訛字處理，
徑改爲正字。

爲了閱讀方便，對每門下的算題用阿拉伯數字標注了序號。對原書的幾
何圖形、籌算式進行了重新繪製，對重要人物、數學名詞、概念和算法，給
出了注釋或加以説明。

目　録

序

　　嘗觀水一也，散則千流萬派①；木一也，散則千條萬枝；數一也，散則千變萬化。老子曰：數者一也。道之所生，生於一②；數之所成，成於九③。昔者黃帝氏定三數爲十等，《九章》之名立焉④。周公製禮，作爲九數。九數之流，《九章》是已。夫算乃六藝之一，周之賓賢，能教國子，此九數也⑤。歷代沿襲，設科取士。魏唐間算學尤專。如劉徽之注《九章》⑥，續撰《重差》⑦；淳風之解《十經》⑧，發明補問，博綜精微，一時獨步。自時厥後，科目既廢，算法罕傳，信如是也。則計租庸調，何術可憑？步數畸殘，若爲銷

---

①派，水的支流。

②老子《道德經》第四十二章云："道生一，一生二，二生三，三生萬物。"

③宋·榮啟《詳解九章算法序》云："夫算者，數也。數之所生，生於道，老子曰'道生一'是也。數之所成，成於九，列子曰'九者，究'是也。"

④《數述記遺》云："黃帝爲法，數有十等。及其用也，乃有三焉。十等者，謂億、兆、京、垓、秭、壤、溝、澗、正、載。三等者，謂上、中、下也。其下數者，十十變之，若言十萬曰億，十億曰兆，十兆曰京也。中數者，萬萬變之，若言萬萬曰億，萬萬億曰兆，萬萬兆曰京也。上數者，數窮則變，若言萬萬曰億，億億曰兆，兆兆曰京也。"《夏侯陽算經序》云："然算數起自伏羲，而黃帝定三數爲十等，隸首因以著《九章》。"

⑤《周禮·地官·保氏》："掌諫王惡，而養國子以道，乃教之六藝，一曰五禮，二曰六樂，三曰五射，四曰五馭，五曰六書，六曰九數。"鄭玄注引鄭眾云："九數，方田、粟米、差分、少廣、商功、均輸、方程、贏不足、旁要。今有重差、夕桀、句股也。"

⑥劉徽，三國魏人，注《九章算術》。

⑦重差，即《海島算經》，原附於《九章算術注》卷末，後獨立成書。全書共九問，因首問爲測量海島高度和距離，故名《海島算經》。全書討論重差測量，即立前後兩表，通過測量所得到的差數，從而計算出高度（或深度）和距離，故書名又作《重差》。

⑧李淳風，岐州雍（今陝西鳳翔）人，通天文、曆算、陰陽之學。唐貞觀間，歷任太常博士、太史丞、太史令。顯慶元年（656），封昌樂縣男。受詔與國子監算學博士梁述、太學助教王真儒等注解《五曹》《孫子》等十部算經。《舊唐書》卷七九有傳。

豁①，米穀正耗，何由剖析？是猶捨重句而欲測海②，去寸木而欲量天，多見其不知量也。

燕山松庭朱君篤學《九章》，旁通諸術，於寥寥絕響之餘，出意編撰算書三卷，分二十門，立二百五十九問。細草備辭，置圖析體，訓爲《算學啓蒙》。其於會計租庸、田疇經界、盈朒隱互、正負方程、開方之類，已足以貫通古今，發明後學。卷末一門，立天元一算，包羅策數，靡有孑遺。明天地之變通，演陰陽之消長，能窮未明之明，克盡不解之解，索數隱微，莫過乎此。是書一出，允爲算法之標準，四方之學者歸焉③。將見拔茅連茹④，以備清朝之選云。

大德己亥七月既望惟揚學算趙城元鎮序⑤

---

①銷豁，註銷豁免。

②重句，意同"重差"，句指句股。

③四方，銅活字本誤作"方四"，據各本改。

④拔茅連茹，語出《周易·泰卦》："拔茅茹以其彙。"王弼注："茅之爲物，拔其根而相牽引者也。茹，相牽引之貌也。"比喻遞相推薦引進。

⑤大德己亥，元成宗大德三年，公元1299年。

算學啓蒙總括

釋九數法①

一一如一	一二如二	二二如四
一三如三	二三如六	三三如九
一四如四	二四如八	三四一十二
四四一十六	一五如五	二五一十
三五一十五	四五二十	五五二十五
一六如六	二六一十二	三六一十八
四六二十四	五六三十	六六三十六
一七如七	二七一十四	三七二十一
四七二十八	五七三十五	六七四十二
七七四十九	一八如八	二八一十六
三八二十四	四八三十二	五八四十
六八四十八	七八五十六	八八六十四
一九如九	二九一十八	三九二十七
四九三十六	五九四十五	六九五十四
七九六十三	八九七十二	九九八十一

---

① 釋九數法，即九九乘法口訣，與楊輝《算法通變本末》"九九合數"的九九表相同。

九歸除法①按古法多用商除，爲初學者難入，則後人以此法代之，即非正術也。

一歸如一進	見一進成十②	二一添作五
逢二進成十	三一三十一	三二六十二
逢三進成十	四一二十二③	四二添作五
四三七十二	逢四進成十	五歸添一倍④
逢五進成十	六一下加四	六二三十二
六三添作五	六四六十四	六五八十二
逢六進成十	七一下加三	七二下加六
七三四十二	七四五十五	七五七十一
七六八十四	逢七進成十	八一下加二
八二下加四	八三下加六	八四添作五
八五六十二	八六七十四	八七八十六
逢八進成十	九歸隨身下⑤	逢九進成十

---

① 歸除，除數爲單位的除法，稱作"歸"；除數爲多位的除法，稱作"除"。統而言之，曰"歸除"。
這就是後世通行的珠算歸除口訣。每句口訣分成三個部分，依次是除數、被除數和歸除結果。如
"六二三十二"，表示除數是"六"，被除數是"二"，歸除結果是"三十二"。相當於：

$$20 \div 6 = 3\cdots\cdots2$$

② 一歸如一進，見一進成十，進，即進到前一位。當除數是一時，被除數本位進到前一位，本位清空。
這相當于口訣：逢一進一十，逢二進二十，逢三進三十，……，逢九進九十。

③ 四一二十二，金刻本同，金鈔本、羅刻本誤作"四一二十一"，羅士琳《算學啓蒙識誤》云："案二
十一，據數當爲二十二。"

④ 一，銅活字本誤作"二"，據各本改。

⑤ 九歸隨身下，身，本位。除數是九時，被除數本位不動，下位加一個被除數的本位數。這句口訣相當於：
九一下加一，九二下加二，九三下加三，……，九八下加八，九九下加九。如72÷9，運算過程如下：

	十位	個位
	7	2
十位7，呼"九七下加七"，本位不動，個位2加7成9	7	9
個位9，呼"逢九進成十"，十位7加1成8	8	0
結果得8	8	

斤下留法①<small>斤下帶兩者，當以十六約之。今則就省，以此代之也。</small>

一退六二五	二留一二五
三留一八七五	四留二五
五留三一二五	六留三七五
七留四三七五	八留單五
九留五六二五	十留六二五
十一留六八七五	十二留七五
十三留八一二五	十四留八七五
十五留九三七五	

明縱橫訣②

一縱十橫	百立千僵③	千十相望

---

①古代衡制，1 斤 = 16 兩。此口訣相當於將兩數除以 16，直接化作斤數，即化兩爲斤口訣：1 兩 = 0.0625 斤，2 兩 = 0.125 斤，3 兩 = 0.1875 斤，4 兩 = 0.25 斤，……，15 兩 = 0.9375 斤。口訣中，"退" 指退到次位，"留" 指留在本位。如將 432 兩化作斤，依口訣運算如下：

百位	十位	兩位			
4	3	2			
		1	2	5	兩位呼 "二留一二五"
	1	8	7	5	十位呼 "三留一八七五"
2	5				百位呼 "四留二五"
2	7	0	0	0	認十位作斤位，得 27 斤。
十	斤				

②明縱橫訣，即籌算識位制度。此訣最早見於《孫子算經》卷上："一從十橫，百立千僵。千十相望，萬百相當。"《夏侯陽算經》卷上 "明乘除法" 云："一從十橫，百立千僵。千十相望，萬百相當。滿六已上，五在上方。六不積算，五不單張。上下相乘，實居中央。言十自過，不滿自當。以法除之，宜得上商。從算相似，橫算相當。以次右行，極於左方。"

③僵，仆倒，意同 "橫"。

萬百相當	滿六已上	五在上方①
六不積聚②	五不單張③	言十自過④
不滿自當	若明此訣	可習九章

大數之類 凡數之大者，天莫能蓋，地莫能載，其數不能極，故謂之大數也。

一、十、百、千、萬、十萬、百萬、千萬⑤、萬萬曰億、萬萬億曰兆、如前呼之"一億、十億、百億、千億、萬億、十萬億、百萬億、千萬億、萬萬億曰兆"是也。後做此，更不繁說。萬萬兆曰京、萬萬京曰垓、萬萬垓曰秭、萬萬秭曰壤、萬萬壤曰溝、萬萬溝曰澗、萬萬澗曰正、萬萬正曰載、萬萬載曰極、萬萬極曰恒河沙、萬萬恒河沙曰阿僧祇、萬萬阿僧祇曰那由他、萬萬那由他曰不可思議、萬萬不可思議曰無量數⑥。

小數之類 凡數之小者，視之無形，取之無像，數亦不能盡，故謂之小數也。

一、分、釐、毫、絲、忽、微、纖、沙⑦、萬萬塵曰沙、萬萬埃曰塵、萬

---

①在用算籌來表示數字時，1、2、3、4、5，是多少便用多少根算籌來表示；6、7、8、9，則用一根算籌橫放表示5，然後在它下面縱放算籌，放1根便是6，放2根便是7，以此類推。這是九個數字的一般表示方法。同時，不同位置的數字的算籌擺放方向不同，分爲縱式和橫式兩種：

縱式		|| ||| |||| |||||				
橫式									
	1	2	3	4	5	6	7	8	9

個位、百位、萬位，用縱式；十位、千位用橫式。如用算籌表示35762，如下所示：

萬位	千位	百位	十位	個位
3	5	7	6	2

②六不積聚，指6不再是六根算籌的積累，而是用一根橫籌表示5，用橫豎兩根算籌即可表示6。
③五不單張，指表示6時可以用一根算籌表示5，但單獨表示5時不能用一根算籌，必須用五根。
④言十自過，指滿十進位。
⑤以上十進，以下萬進。
⑥自"萬萬曰億"至"萬萬正曰載"，出《孫子算經》卷上。自"恒河沙"以下，出自佛典，進制不盡相同。阿僧祇，梵文 Asankhya 音譯。那由他，梵文 niyuta 音譯。
⑦以上十進，以下萬進。

萬渺曰埃、萬萬漠曰渺、萬萬模糊曰漠、萬萬逡巡曰模糊、萬萬須臾曰逡巡、萬萬瞬息曰須臾、萬萬彈指曰瞬息、萬萬刹那曰彈指、萬萬六德曰刹那、萬萬虛曰六德、萬萬空曰虛、萬萬清曰空、萬萬净曰清、千萬净、百萬净、十萬净、萬净、千净、百净、十净、一净。

求諸率類

兩求銖二十四乘①　　　銖求兩二十四除

斤求兩身外加六②　　　兩求斤身外減六③

秤求斤身外加五　　　　斤求秤身外減五④

據物賣錢而用乘　　　　據錢買物而用除

斛斝起率⑤

量起於圭_{六粒之粟}　　十圭謂之一撮

十撮謂之一抄　　　十抄謂之一勺

十勺謂之一合　　　十合謂之一升

十升謂之一斝　　　十斝謂之一斛⑥

———————————

①二，銅活字本此處空，據各本補。

②身外加，又叫定身加，省稱"加法"，是乘數首位爲 1 的乘法簡捷算法。由於 1 斤 = 16 兩，斤化兩時，乘數 16 的首位是 1，可以用身外加法。詳後文"身外加法門"。

③身外減，又叫定身減，省稱"減法"。是除數首位爲 1 的除法簡捷算法。詳後文"身外減法門"。

④1 秤 = 15 斤，故秤求斤，用身外加法；斤求秤，用身外減法。

⑤斝，同"斗"。以下爲容量單位。

⑥斛，南宋之前，1 斛 = 10 斗，南宋末改作 1 斛 = 5 斗。明末字書《正字通・斗部》："斛，今制五斗曰斛，十斗曰石。"

斤秤起率①

衡起於黍_{形大如粟}　十黍謂之一絫②

十絫謂之一銖　六銖謂之一分

四分謂之一兩　十六兩謂一斤

十五斤謂一秤　三十斤謂一鈞

四鈞謂之一碩③_{重一百二十斤}

端匹起率④

度起於忽_{蠶吐之絲}⑤　十忽謂之一絲

十絲謂之一毫　十毫謂之一釐

十釐謂之一分　十分謂之一寸

十寸謂之一尺　十尺謂之一丈

匹率_{或三丈二，或二丈四}　端率_{或五十尺，或四丈八}⑥

---

①以下爲重量單位。

②絫，《説文·厽部》："十黍之重也。"

③碩，與"石"古字相通。《漢書·律曆志上》："四鈞爲石"。

④以下爲長度單位。

⑤蠶吐之絲，《孫子算經》卷上："度之所起，起於忽。欲知其忽，蠶吐絲爲忽。"《史記·太史公自序》："律曆更相治，間不容翲忽。"張守節正義云："忽，一蠶口出絲也。"此處"忽"爲長度單位，與下文面積單位"忽"不同。

⑥匹率與端率，古無定數。清李長茂《算海説詳》卷七云："古以四丈爲一匹，五丈爲一端。今世俗尺度不等，匹端亦長短不一，從時較算可也"。就匹率而言，《算法啓蒙》後文例題中就有四種：三十二尺、二十四尺、二十六尺、三十八尺。此處"或三丈二，或二丈四"，僅舉其中之二而已。端率"或五丈五，或四丈八"，亦僅舉二例而已。

田畞起率①

田起於忽_{闊一寸、長六寸}② 十忽謂之一絲

十絲謂之一毫　　　　十毫謂之一釐

十釐謂之一分　　　　十分謂之一畞

百畞謂之一頃　　　　三百步謂一里

按畞法，闊一步、長二百四十步，當自方五尺爲步也③。其里法，三百步爲里者，當自方六尺爲步；若三百六十步爲里者，當以自方五尺爲步也。

古法圓率

周三尺　　　　　　　　徑一尺

劉徽新術_{劉徽乃魏人也。立此新術，以究圓之幽微。}

周一百五十七尺　　　　徑五十尺④

---

①以下爲面積單位。

②忽，面積單位，闊 1 寸、長 6 寸，即：

$$1 \text{忽} = 6 \text{寸}^2$$

③由：

$$1 \text{畞} = 10 \text{分} = 100 \text{釐} = 1000 \text{毫} = 10000 \text{絲} = 100000 \text{忽}$$

得：

$$1 \text{畞} = 600000 \text{寸}^2 = 6000 \text{尺}^2$$

又根據畞法：

$$1 \text{畞} = 240 \text{步}^2$$

得：

$$1 \text{步}^2 = 25 \text{尺}^2 = 5 \text{尺} \times 5 \text{尺}$$

此即"自方五尺爲步"。

④劉徽圓周率，出自劉徽《九章算術》方田章注。圓周 157，直徑 50，則圓周率：

$$\pi = \frac{157}{50} = 3.14$$

冲之密率<small>冲之姓祖，乃宋南徐州從事史。立此密率，亦究圓之微也。</small>

周二十二尺　　　　　徑七尺①

明異名訣<small>此乃刻漏之數②，以巧呼之。</small>

二分之一爲中半　　　三分之一爲少半

三分之二爲太半　　　四分之一爲弱半

四分之三爲强半③

明正負術

其同名相減　　　　　則異名相加

正無人負之　　　　　負無人正之

其異名相減　　　　　則同名相加

---

①祖冲之圓周率，出自《隋書·律曆志上》："密率：圓徑一百一十三，圓周三百五十五；約率：圓徑
七，周二十二。"即：

$$密率 = \frac{355}{113}, \quad 約率 = \frac{22}{7}$$

唐代李淳風在注釋《九章算術》時，於方田章第 31 題等幾處注文中，將《隋書》記載的祖冲之約
率稱作"密率"，後世算書遂沿用了李淳風的説法。此處亦然。

②刻漏，古代計時儀器。一般以銅爲壺，壺底穿孔，壺中注水，懸浮立着一個有刻度的箭形浮標。隨
着壺中水量逐漸減少，浮標逐漸下沉，露在壺外面的浮標刻度逐漸變化，指示着時刻的變化。

③《夏侯陽算經》卷上"明乘除法"云："二分之一爲中半，三分之二爲太半，三分之一爲少半，四分
之一爲弱半。此漏刻之數也。"

正無人正之　　　　負無人負之①

---

①此爲正負數加減法則，見於《九章算術·方程》："正負術曰：同名相除，異名相益，正無人負之，負無人正之。其異名相除，同名相益，正無人正之，負無人負之。""除"即減，"益"即加。同名，即同號；異名，即異號。人，他人，與己相對。無人，就是"無對"的意思。

《九章算術》是在方程章中討論方程加減消元時，提出的正負數加減法則，因此，需要在具體的方程算題中，解釋這個法則的意義。這裏援引《九章算術·方程》第三題，作一解釋。原題云：

今有上禾二秉，中禾三秉，下禾四秉，實皆不滿斗。上取中、中取下、下取上各一秉，而實滿斗。問：上、中、下禾實一秉，各幾何？根據題意，分別用 x、y、z 表示上禾、中禾、下禾一秉之實，列式如下：

上禾	中禾	下禾	實	
$2x$	y		1	①
	$3y$	z	1	②
x		$4z$	1	③

③①兩式相減，消去上禾 x，得：

上禾	中禾	下禾	實	
	$3y$	z	1	②
	$-y$	$8z$	1	④

②④兩式相減，消去中禾 y，得：

上禾	中禾	下禾	實	
		$25z$	4	⑤

解得下禾一秉實爲：

$$z = \frac{4}{25} \text{斗}$$

這裏，④式中出現了負數，便需要正負數加減法則。所謂"其同名相減，則異名相加。正無人負之，負無人正之"，方程中的兩個算式在消去同類項時，如此題中消去上禾 x 時，係數都是正數，則其他同類項正負號相同時，用減法；正負號不同時，用加法。如果在被減去的算式中，沒有與減去的算式對應的項，如①式中的中禾 y，在③式中沒有與之對應的項，這叫"無人"，那麼對於①式來講，正數項變成負數，負數項變成正數。相當於被 0 減，所以正數變負數，負數變正數。用符號可以表示爲：

同名相減：$(+a) - (+b) = +(a-b)$
異名相加：$(+a) - (-b) = +(a+b)$
正無人負之：$0 - (+a) = -a$
負無人正之：$0 - (-a) = +a$

類似地，"其異名相減，則同名相加，正無人正之，負無人負之"，如②④兩式消去中禾 y，係數一個是正數，一個是負數，是"異名相減"，對其他同類項來說，係數正負號不同時，用減法；係數正負號相同時，用加法。如果某項沒有相對應的項，則正數仍作正數，負數仍作負數，相當於加了一個 0，所以正負號不變，即"正無人正之，負無人負之"。用符號可以表示爲：

異名相減：$(+a) + (-b) = +(a-b)$
同名相加：$(+a) + (+b) = +(a+b)$
正無人正之：$0 + (+a) = +a$
負無人負之：$0 + (-a) = -a$

按:《九章》註云:"兩算得失相返,要令正負以名之。正算赤,負算黑。不則以邪、正爲異①。""其無人者,爲無對也。無所得,則使消奪者居位也。""人"作"入",非。

明乘除段

長平相併曰和　　　　長平相減曰較

長平相乘曰積②　　　　自相乘之曰冪③

同名相乘爲正　　　　異名相乘爲負④

平除長爲小長　　　　長除平爲小平

小長平相併曰小和　　小長平相減餘小較

小長平相乘得一步爲小積⑤

---

①這句話的意思是:正數用紅色的算籌來表示,負數用黑色的算籌來表示。否則的話,用正放的算籌表示正數,在正放的算籌上斜放一根算籌表示負數。不,同"否"。邪,同"斜"。

②平,橫。與縱相對,南北爲縱,東西爲橫,在秦漢算書中,用縱和橫來指代長方形田地的兩邊。這裏的"長"和"平",即"縱"與"橫",相當於我們現在所說的"長"和"寬"。一般説來,長爲大數,平爲小數。設長、平分別爲 a、$b(a > b)$,此二句可表示爲:
$$和 = a + b$$
$$較 = a - b$$
$$積 = a \times b$$

③冪,面積,此處指平方。長自乘爲長冪,平自乘爲平冪,即:
$$長冪 = a^2, \quad 平冪 = b^2$$

④此句意爲:正數乘正數、負數乘負數,仍爲正數;正數乘負數,則爲負數。這就是正負數乘法法則:
$$(+a) \times (+b) = +(a \times b)$$
$$(-a) \times (-b) = +(a \times b)$$
$$(+a) \times (-b) = -(a \times b)$$

⑤此五句可表示爲:
$$小長 = \frac{a}{b}$$
$$小平 = \frac{b}{a}$$
$$小和 = 小長 + 小平 = \frac{a}{b} + \frac{b}{a}$$
$$小較 = 小長 - 小平 = \frac{a}{b} - \frac{b}{a}$$
$$小積 = 小長 \times 小平 = \frac{a}{b} \times \frac{b}{a} = 1$$

明開方法①

置積爲實及方廉隅，同加異減開之。

算學啓蒙總括終

---

①明開方法，有關籌算開方的方法，詳卷下"開方釋鎖門"。

算學啓蒙卷上

縱橫因法門①_{八問}②

    此法從來向上因   但言十者過其身

    呼如本位須當作   知算縱橫數目真③

---

①縱橫，指算籌的擺放方式。因法，單位相乘爲因，多位相乘爲乘，這裏是乘數爲一位數的籌算乘法。

②此門八問，乘數依次是 2、3、……、9。

③在籌算乘法中，被乘數、積、乘數分上中下三層擺放。被乘數擺放在上層，乘數擺放在下層，乘數的末位與被乘數首位對齊。先用乘數各位去乘被乘數首位，得數擺在中層。乘完后，拿掉被乘數首位，將乘數向後移動一位，末位與被乘數第二位對齊。再用乘數各位去乘被乘數第二位，乘得結果加在中層得數上面。以此類推，一直乘到被乘數末位。口訣中"此法從來向上因"，指從被乘數首位，也就是最高位乘起，一直乘到末位最低位。"但言十者過其身，呼如本位須當作"，身指本位。即在呼九九口訣時，呼"十"進到前一位，呼"如"則放在本位。如"三三如九"，本位作 9；"四六二十四"，前位進 2，本位作 4。運算步驟詳例題。

1. 今有粟二百一十六斛，每斛價錢二文。問：計錢幾何？

答曰：四百三十二文[①]。

2. 今有絲一百四十四兩，每兩價錢三百文。問：計錢幾何？

答曰：四十三貫二百文[②]。

3. 今有羊三百五十四隻，每隻價錢四貫文。問：計錢幾何？

答曰：一千四百一十六貫。

4. 今有銀五百四十七鋌[③]，每鋌重五十兩。問：爲兩幾何？

答曰：二萬七千三百五十兩。

5. 今有絹七百三十六匹，每匹價錢六貫文。問：計錢幾何？

答曰：四千四百一十六貫。

6. 今有麻八百九十二秤，每秤價錢七百文。問：計錢幾何？

答曰：六百二十四貫四百文。

7. 今有布六百三十四尺，每尺價錢八十文。問：計錢幾何？

答曰：五十貫七百二十文。

---

①此題中，被乘數爲216斗，乘數爲2文，用籌算因法運算過程如下（算籌用阿拉伯數字代替，下文同）：

第一步，乘數2與被乘數首位2對齊，呼"二二如四"，則對應乘數本位2，在中層擺放得數4：

被乘數	2	1	6
積	4		
乘數	2		

第二步，移走被乘數首位2，將乘數2向後移動一位，與被乘數次位1對齊。呼"一二如二"，對應乘數本位2，在中層擺放得數2：

被乘數		1	6
積	4	2	
乘數		2	

第三步：移走被乘數次位1，將乘數2向後移動一位，與被乘數三位6對齊。呼"二六一十二"，對應乘數本位2，在中層擺放2，前位加1變3：

被乘數			6
積	4	3	2
乘數			2

第四步：移走乘數和被乘數，得數爲432文。

②貫，本指穿銅錢的繩子，後用作銅錢的計量單位，一貫等於一千文。

③鋌，同"錠"，熔鑄成條塊狀的金銀。

8. 今有馬四百二十五匹，每匹價錢九十貫。問：計錢幾何？

答曰：三萬八千二百五十貫。

術曰：列物數在上，各以價錢從上因之，即得。合前問。

身外加法門_{十一問}①

算中加法最堪誇　　言十之時就位加

但遇呼如身下列　　君從法式定無差②

1. 今有米六碩八斗四升，每斗價錢一百一十文。問：計錢幾何？

答曰：七貫五百二十四文③。

2. 今有羅三十四尺六寸，每尺價錢一百二十文。問：計錢幾何？

答曰：四貫一百五十二文。

3. 今有鹽八百七十三袋，每袋價錢一十三貫④。問：計錢幾何？

答曰：一萬一千三百四十九貫。

4. 今有地三頃二十四畝，每畝納糧一升四合。問：計糧幾何？

答曰：四碩五斗三升六合。

5. 今有木香一百九十八秤，每秤重一十五斤。問：爲斤幾何？

答曰：二千九百七十斤。

---

①此門十一問，前九問爲加一位，依次是身外加 1、加 2……一直到加 9，第十問爲身外加兩位，第十一問爲隔位加。

②身外加法，省稱作"加法"，是乘數首位爲 1 的簡捷算法。身，指被乘數本位。在被乘數本位之外，加上乘數首位 1 之後的各位數與被乘數本位數的乘積，即爲"身外加"。和因法不同的是，因法中呼"十"進前位，呼"如"在本位；身外加法則是呼"十"在本位，呼"如"在次位。口訣中的"身下列"，意思是本身下一位，即次位。因法是從被乘數首位數乘起，是上乘法。而身外加法則從被乘數末尾數乘起，屬於下乘法，珠算身外加法由此而來。

③此題中，被乘數爲 6 碩 8 斗 4 升，乘數爲 110 文，身外加一位，運算過程如下所示：

碩	斗	升		
6	8	4		
	6	8	4	乘數次位 1 分別與被乘數各位相乘，得數依次加在本位下一位
7	5	2	4	得 7524 文
千	百	十	文	

④貫，金刻本、金鈔本、羅刻本俱作"貫文"。

6. 今有黃蠟三千八百五十斤，每斤重一十六兩。問：爲兩幾何？

答曰：六萬一千六百兩。

7. 今有柑子四百三十六枚，每枚價錢一十七文。問：計錢幾何？

答曰：七貫四百一十二文。

8. 今有軍人三千二百七十名，每名支糧一碩八斗。問：計糧幾何？

答曰：五千八百八十六碩。

9. 今有雞三百四十五隻，每隻價錢一百九十文。問：計錢幾何？

答曰：六十五貫五百五十文。

10. 今有夫匠共五百三十八人，每人支工食錢一百九十四文。問：計錢幾何？

答曰：一百四貫三百七十二文①。

11. 今有木緜三千二百六十匹，每匹價錢一貫七百五文。問：計錢幾何？

答曰：五千五百五十八貫三百文②。

---

① 此題中，被乘數爲 538 人，乘數爲 194 文，身外加二位，運算過程如下所示：

	百	十	人			
	5	3	8			
				3	2	乘數末位 4 乘被乘數末位 8：8×4＝32
			7	2		乘數次位 9 乘被乘數末位 8：8×9＝72
			1	2		乘數末位 4 乘被乘數次位 3：3×4＝12
		2	7			乘數次位 9 乘被乘數次位 3：3×9＝27
		2	0			乘數末位 4 乘被乘數首位 5：5×4＝20
	4	5				乘數次位 9 乘被乘數首位 5：5×9＝45
1	0	4	3	7	2	得 104372 文，即 104 貫 372 文
十萬	萬	千	百	十	文	

② 此題中，被乘數爲 3260 匹，乘數爲 1705 文，身外加三位，運算過程如下所示：

千	百	十	匹			
3	2	6				
				3	0	乘數末位 5 乘被乘數末位 6：6×5＝30
			4	2		乘數次位 7 乘被乘數末位 6：6×7＝42
			1	0		乘數末位 5 乘被乘數次位 2：2×5＝10
	1	4				乘數次位 7 乘被乘數次位 2：2×7＝14
		1	5			乘數末位 5 乘被乘數首位 3：3×5＝15
2	1					乘數次位 7 乘被乘數首位 3：3×7＝21
5	5	5	8	3	0	得 5558300 文，即 5558 貫 300 文
百萬	十萬	萬	千	百	十	

術曰：列物數於上，各以價錢依法從下身外加之①，即得。合問。

留頭乘法門②二十問

留頭乘法別規模　　起首先從次位呼③
言十靠身如隔位④　　遍臨頭位破身鋪⑤

1. 今有白豆八十四斛，每斛價錢二百一十文。問：計錢幾何？

答曰：一十七貫六百四十文⑥。

術曰：列豆八十四斛於上，以斛價二百一十文乘之。合問。

2. 今有胡椒六十三斤四兩，每斤價錢三百八十文。問：計錢幾何？

答曰：二十四貫三十五文。

術曰：列椒數，斤下留兩，得六十三斤二分半於上，以斤價三百八十文

---

①從下身外加之，即從被乘數末位身外加起。身外乘屬於後乘法。
②留頭乘，留出乘數首位，先用乘數次位至末位依次乘被乘數末位，再用乘數首位乘被乘數末位。次用乘數次位至末位依次乘被乘數倒數第二位，再用乘數首位乘被乘數倒數第二位。按照這個順序，依次乘至被乘數的首位爲止。和身外加一樣，留頭乘也是後乘法，珠算中的留頭乘即由此發展而來。
③次位，指乘數（即法）的次位。
④言十靠身如隔位，靠身即次位，隔位即第三位。呼"十"加在次位，呼"如"則加在第三位。
⑤頭位，指乘數（即法）的首位。每乘被乘數的一位，先用乘數次位至末位依次去乘，最後用乘數的首位去乘，方將被乘數的本位"破身"。
⑥此題中，被乘數爲84斛，乘數爲210文，用留頭乘法，運算過程如下所示：

十	斛			
8	4			
			4	乘數次位1乘被乘數末位4：1×4＝4 言十次位，遇如隔位，得數4在被乘數4隔位
		8		乘數首位2乘被乘數末位4：2×4＝8
		8		乘數次位1乘被乘數首位8：1×8＝8 言十次位，遇如隔位，得數8在被乘數8隔位
1	6			乘數首位2乘被乘數首位8：2×8＝16
1	7	6	4	得17640文，即17貫640文
萬	千	百	十	

乘之。合問①。

3. 今有沉香九斤一十二兩，每斤價錢四貫五百文。問：計錢幾何？

答曰：四十三貫八百七十五文。

術曰：列香數，斤下留兩，得九斤七分五釐於上，以斤價四貫五百文乘之。合問。

4. 今有縣子二十三斤六兩，每兩價錢五十四文。問：計錢幾何？

答曰：二十貫一百九十六文。

術曰：列縣子二十三斤，身外加六通兩，搭入六兩②，共得三百七十四兩於上③，以兩價五十四文乘之。合問。

5. 今有茴香五秤八斤四兩，每斤價錢六十八文。問：計錢幾何？

答曰：五貫六百六十一文。

術曰：列五秤，身外加五通斤，搭入八斤四兩，斤下兩者留之，共得八

---

①此題先用化兩爲斤法，將4兩化作0.25斤。被乘數爲63.25斤，乘數爲380文，用留頭乘法，運算過程如下所示：

十	斤					
6	3	2	5			
				4	0	乘數次位8乘被乘數末位5：8×5=40
				1	5	乘數首位3乘被乘數末位5：3×5=15
				1	6	乘數次位8乘被乘數三位2：8×2=16
				6		乘數首位3乘被乘數三位2：3×2=6
		2	4			乘數次位8乘被乘數次位3：8×3=24
		9				乘數首位3乘被乘數次位3：3×3=9
	4	8				乘數次位8乘被乘數首位6：8×6=48
1	8					乘數首位3乘被乘數首位6：3×6=18
2	4	0	3	5	0	得24035文，即24貫35文
萬	千	百	十	文		

②搭，金刻本、金鈔本、羅刻本作"答"。按：這裏"答"通"搭"，搭入，加入。

③二十三斤六兩化作兩，用身外加法，計算如下：

$$23 斤 6 兩 = [230 + (23 \times 6) + 6] 兩 = 374 兩$$

十三斤二分半於上①，以斤價六十八文乘之。合問。

6. 今有片腦五斤七兩一十八銖，每銖直銀七釐二毫②。問：直銀幾何？

答曰：一十五兩一錢六分三釐二毫。

術曰：列五斤，身外加六通兩，内子七③，得八十七兩。以二十四乘之，得數加入一十八銖，共得二千一百六銖於上④，以七釐二毫乘之。合問。

7. 今有官桂一百八十九裹⑤，每兩價錢八十七文。問：計錢幾何？裹法二斤四兩。

答曰：五百九十一貫九百四十八文。

術曰：列共裹，以裹法三十六兩乘之，得六千八百四兩於上，以兩價八十七文乘之，即得。合前問。

8. 今有粳米八斛七升四合，每斛換糯米九升一合⑥。問：糯米幾何？

答曰：七斛九升五合三勺四抄。

術曰：列粳米共數於上，以九升一合乘之，即得。合前問。

9. 今有芝麻六碩八斛四升⑦，每斛壓油三斤一十二兩。問：壓油幾何？

答曰：二百五十六斤半。

術曰：列芝麻共數於上，以三斤七分五釐乘之。七分五釐者，乃十二兩留數

---

①五秤八斤四兩化作斤，計算如下：
$$5 \text{秤} 8 \text{斤} 4 \text{兩} = \left[(5 \times 15) + 8 + (4 \div 16)\right] \text{斤}$$
$$= \left[(50 + 5 \times 5) + 8 + 0.25\right] \text{斤}$$
$$= 83.25 \text{斤}$$

②直，通"值"，價值。

③内，通"納"，收納，納入。

④五斤七兩一十八銖化作銖，計算如下：
$$5 \text{斤} 7 \text{兩} 18 \text{銖} = \left[(50 + 5 \times 6) + 7\right] \text{兩} 18 \text{銖}$$
$$= 87 \text{兩} 18 \text{銖} = \left[(87 \times 24) + 18\right] \text{銖} = 2106 \text{銖}$$

⑤裹，《丁巨算法》《九章比類》等作"裹"，據《龍龕手鑒·衣部》，"裹"爲"裹"之俗體。"裹"有包裹之義，故所包之物亦可稱"裹"，《古今韻會舉要·過韻》："裹，指所包之物也。"可借作量詞。《穆天子傳》卷二："貝帶五十，朱三百裹。"裹法歷來不同，此處1裹爲2斤4兩，即36兩，《丁巨算法》1裹爲34兩，而《九章比類》《算法統宗》等書中1裹爲32兩。

⑥粳米、糯米，稻之不黏者爲粳米，黏者爲糯米。

⑦碩，通"石"。本書卷首"總括·斛斗起率"有"斛"無"石"。按：南宋末年之後，1石＝10斗，南宋之前，1斛＝10斗，石相當於古制斛。

也①。合問。

10. 今有小麥五碩九斝二升，每斝磨麵六斤一十四兩。問：磨麵幾何？

答曰：四百單七斤。

術曰：列麥數於上，以六斤八分七釐半乘之。八分七釐半者，乃十四兩留數②。合問。

11. 今有菉豆三十二碩七斝三升，每斝造粉五斤六兩。問：造粉幾何？

答曰：一千七百五十九斤三兩八錢。

術曰：列豆數於上，以五斤三分七釐半乘之。三分七釐半者，乃六兩留數也③。斤下分者，身外加六爲兩。合問。

12. 今有甘草九千七百六十五斤一十兩，每斤博絹一尺二分四釐④。問：博絹幾何？

答曰：一萬尺⑤。

術曰：列甘草共數，斤下留兩於上，以一尺單二分四釐乘之。合問。

13. 今有白檀四千八百八十二斤一十三兩，每斤價錢四貫九十六文。問：錢幾何？

答曰：二萬貫。

術曰：列白檀共數，斤下留兩於上，以四貫九十六文乘之。合問。

14. 今有黍三千六百六十二碩一斝九合三勺七抄五撮，每斝對麥八升一合九勺二抄⑥。問：對麥幾何？

答曰：三萬斝⑦。

---

①根據斤下留法口訣，"十二留七五"，即 12 兩＝0.75 斤。

②根據斤下留法口訣，"十四留八七五"，即 14 兩＝0.875 斤。

③根據斤下留法口訣，"六留三七五"，即 6 兩＝0.375 斤。

④博，換取。《古今韻會舉要·藥韻》："博，貿易也。"

⑤此題中，被乘數化爲斤數，爲 9765.6875 斤，乘數爲 1.024 尺，相乘得：

$$9765.6875 \times 1.024 = 10000.064$$

原題結果爲近似值。

⑥對，對換，抵償。

⑦此題中，被乘數爲 36621.9375 斗，乘數爲 0.8192 斗，相乘得：

$$36621.9375 \times 0.8192 = 30000.6912$$

此題結果爲近似值。

術曰：列共黍於上，以八升一合九勺二抄乘之。合問。

15. 今有粟七萬八千一百二十五碩，每斟爲御米五升一合二勺^①。問：米幾何？

答曰：四萬碩。

術曰：列共粟於上，以五升一合二勺乘之。合前問。

16. 今有降真二十四萬四千一百四十斤一十兩^②，每斤直銀二錢四釐八毫。問：直銀幾何？

答曰：五萬兩。

術曰：列降真共數，斤下留兩於上，以二錢四釐八毫乘之。合問。

17. 今有鹽一千九百二十引^③，每引換黃蠟三十一斤四兩。問：換黃蠟幾何？

答曰：六萬斤。

術曰：列共鹽引數於上，以三十一斤二分半乘之。合問。

18. 今有細絲一千九百五十三斤二兩，每斤直銀一兩一十一銖八絫四黍。問：直銀幾銖？

答曰：七萬銖。

術曰：列細絲共數，斤下留兩於上。列一兩，以二十四銖通之，内子，共得三十五銖八絫四黍，乘之。合問^④。

---

①御米，供給宮廷食用之米。《後漢書·百官志三》："導官令一人，六百石。本注云：主舂御米。"《九章算術·粟米》按照米的粗精，羅列了糲米、粺米、糳米、御米四等米，御米是最精的米。《九章算術》給出了粟米和御米的比率爲：

$$\frac{粟米}{御米} = \frac{50}{21}$$

此題的比率爲：

$$\frac{粟米}{御米} = \frac{100}{51.2}$$

②降真，香料名。宋洪芻《香譜》"降真香"條云："《南洲記》曰：生南海諸山。又云：生大秦國。"

③引，本爲准許銷售鹽斤數的憑證，後用作鹽的計量單位。引法不固定，因時而異。《算法統宗》卷四"各處鹽塲散堆量算引法歌"云"三百斤歸即引包"，即 1 引 = 300 斤，分裝若干包。《算法啓蒙》"九歸除法門"第 19 問給出的引法是：1 引 = 405 斤。

④此題中，細絲 1953 斤 2 兩，兩化斤，得 1953.125 斤。價錢 1 兩 11 銖 8 絫 4 黍，1 兩 = 24 銖，化成銖，得 35.84 銖。

19. 今有黃金一萬二千八百兩，每兩買地六畝二分五釐。問：買地幾何？

答曰：八萬畝。

術曰：列金數於上，以六畝二分五釐乘之。合前問。

20. 今有田一百五十六頃二十五畝，每畝收稻五斛七斗六升。問：收稻幾何？

答曰：九萬斛。

術曰：列田畝數於上，以五斛七斗六升乘之。*通前之問，還源於除法內。訓導初學，務要演熟乘除加減，引而伸之。*

身外減法門①*十一問*②

减法根源必要知　　即同求一一般推③

呼如身下須當減　　言十從身本位除④

1. 今有錢七貫五百二十四文，欲糴芝麻⑤，每斗價錢一百一十文。問：得幾何？

答曰：六碩八斗四升⑥。

―――――――――

①身外減法，省稱"減法"，是除數首位爲1的除法簡捷算法。門，銅活字本誤作"問"，據各本改。
②此門十一問，依次是身外加法門各問的逆運算。
③求一，即求一除法，最早見於南宋楊輝的《乘除通變算寶》。當除數首位不爲1時，通過加倍或者折半的方式，將除數首位變成1，即可用身外減法。具體來説，當除數首位是5、6、7、8、9時，加倍；除數首位是2和3時，折半；除數首位是4時，兩次折半，即可將除數首位變成1。除數加倍或者折半，相應地，被除數也要加倍或者折半。
④除，除去，減去。
⑤糴，買入糧食。
⑥此題中，被除數爲7524文，除數爲110文，用身外減法，除數首位1不用，次位爲1，依次與被除數各位相呼，呼"如"從次位減，呼"十"從本位減。運算步驟如下所示：

千	百	十	文	
7	5	2	4	
	-6			千位7，減1作6，呼"一六如六"，呼如身下減，百位5減6作9
6	9	2	4	
		-8		百位9，減1作8，呼"一八如八"，呼如身下減，十位2減8作4
6	8	4	4	
			-4	十位4，呼"一四如四"，呼如身下減，個位4減4，盡
6	8	4		
碩	斗	升		得6碩8斗4升

2. 今有錢四貫一百五十二文，欲截紅綾，每尺價錢一百二十文。問：得幾何？

答曰：三十四尺六寸①。

3. 今有錢一萬一千三百四十九貫，欲買高茶，每引價錢一十三貫文。問：得幾何？

答曰：八百七十三引。

4. 今有地不記畝數，只云每畝納稅糧一升四合，今共納四碩五斛三升六合。問：地幾何？

答曰：三頃二十四畝。

5. 今有梔子二千九百七十斤，每秤重一十五斤。問：爲秤幾何？

答曰：一百九十八秤。

6. 今有絲六萬一千六百兩，每斤重一十六兩。問：爲斤幾何？

答曰：三千八百五十斤。

7. 今有錢七貫四百一十二文，欲令一十七人分之。問：人得幾何？

答曰：四百三十六文。

8. 今有糧五千八百八十六碩，欲給貧難，每戶一碩八斛，問：户給幾何？

答曰：三千二百七十户。

9. 今有錢六十五貫五百五十文，欲買苧絲，每尺價錢一百九十文。問：得苧絲幾何？

答曰：三百四十五尺。

---

①此題中，被除數爲 4152 文，除數爲 120 文，用身外減法，除數首位 1 不用，次位 2，依次與除數各位相呼，運算過程如下所示：

千	百	十	文	
4	1	5	2	
	-6			千位 4，減 1 作 3，呼 "二三如六"，呼如身下減，百位 1 減 6 作 5
3	5	5	2	
		-8		百位 5，減 1 作 4，呼 "二四如八"，呼如身下減，十位 5 減 8 作 7
3	4	7	2	
		-1	2	十位 7，減 1 作 6，呼 "二六一十二"，言十本位除，十位 7 減 1 餘 6，個位 2 減 2，盡
3	4	6		得 34 尺 6 寸
十	尺	寸		

10. 今有錢一百四貫三百七十二文，欲買麻布，每匹價錢一百九十四文。問：買布幾何？

答曰：五百三十八匹①。

11. 今有錢五千五百五十八貫三百文，欲買松木，每株價錢一貫七百五文。問：買木幾何？

答曰：三千二百六十株②。

術曰：列錢物於上爲實，各以價錢爲法，從上身外減之，即得。合問。此

---

① 1-9 題是身外減一位，此題爲身外減二位。此題中，被除數爲 104372 文，除數 194 文，運算過程如下所示：

十萬	萬	千	百	十	文	
1	0	4	3	7	2	
	-4	-5				首商 5×9＝45
		-2				首商 5×4＝20
	5	7	3	7	2	
		-2	-7			次商 3×9＝27
			-1	-2		次商 3×4＝12
	5	4	5	5	2	
			-7	-2		三商 8×9＝72
				-3	-2	三商 8×4＝32
	5	3	8			得 538 匹
	百	十	匹			

② 此題是隔位減，即除法中有空位。被除數是 5558300 文，除數是 1705 文，運算過程如下所示：

百萬	十萬	萬	千	百	十	文	
5	5	5	8	3	0	0	
-2	-1						首商 3×7＝21
		-1	-5				首商 3×5＝15
3	4	4	3	3	0	0	
	-1	-4					次商 2×7＝14
			-1				次商 2×5＝10
3	3	0	2	3	0	0	
		-4	-2				三商 6×7＝42
				-3			三商 6×5＝300
3	2	6	0	0	0	0	得 3260 株
	千	百	十	株			

術即是求一除法。①

九歸除法門②二十九問

實少法多從法歸　　實多滿法進前居③

常存除數專心記　　法實相停九十餘④

但遇無除還頭位⑤　　然將釋九數呼除⑥

---

①求一除法，見前文注釋，是除數首位不爲1的除法，通過將除數加倍或者折半，變成首位爲1，便可以使用身外減法運算。和身外減法相比，求一除法多了除數加倍或者折半一步。

②歸，除數爲一位數的除法，稱作“歸”。歸除法，與商除法相對而言。商除是約商除法，歸除是用九歸口訣試商的除法。宋以前的籌算，皆採用商除法，元代以後，歸除法逐漸完善。

③實，被除數。法，除數。這兩句意思是：若被除數比除數小，用九歸歌訣呼除；若被除數比除數大，直接商若干，並將商進於前位。

④停，平均，均等。《水經注·江水》：“自非停午夜分，不見曦月。”停午，正午。相停，即相等。

⑤四句、五句爲撞歸法，當被除數和除數的首位相同，被除數次位小於除數次位而不夠減時，須用撞歸法來運算。撞，湊也。即將被除數首位湊成九，次位加餘數。如30÷34，被除數和除數首位都是3，應當商1，然而商1與除數次位4的乘積是4，被除數次位0小於4，不夠減，説明商1過大。這時，用撞歸法。撞歸是將商數1化成次位的10，從10中減去1餘9，再在次位加上餘數。如三歸，餘數便是3。也就是説，將過大的商數1化成0.93。撞歸法最早見於此，不過還没有形成完善的口訣，後世發展成珠算撞歸法，由這兩句擴展成兩首歌訣。以《算法統宗》爲代表的珠算書中記載的撞歸歌訣爲：

一歸	見一無除作九一	二歸	見二無除作九二
三歸	見三無除作九三	四歸	見四無除作九四
五歸	見五無除作九五	六歸	見六無除作九六
七歸	見七無除作九七	八歸	見八無除作九八
九歸	見九無除作九九		

所謂“見一無除作九一”，被除數首位是1，除數首位也是1，被除數次位小於除數次位，將除數首位作9，下位加1，以下以此類推。無除，即不夠減除的意思。這首歌訣相當於此處的“法實相停九十餘”。如果本位已經作9，下位還是不夠減，《算法統宗》又有“起一法”，即“已有歸而無除用起一還原法歌”：

一歸	起一下還一	二歸	起一下還二
三歸	起一下還三	四歸	起一下還四
五歸	起一下還五	六歸	起一下還六
七歸	起一下還七	八歸	起一下還八
九歸	起一下還九		

所謂“起一下還一”，即本位作9還不夠除，便將本位減去1，下位加上1，以下以此類推。這首歌訣相當於此處的“但遇無除還頭位”。

⑥這句話的意思是：除數首位數用歸法，次位以下則用九九乘法口訣來呼乘，乘得的結果從被乘數中減去。

流傳故泄真消息　　求一穿輅總不如①

1. 今有錢四貫三百二十文，欲糴白豆，每斗價錢二十文。問：得幾何？

答曰：二百一十六斗②。

2. 今有錢四十三貫二百文，欲買細絲，每斤價錢三百文。問：得幾何？

答曰：一百四十四斤。

3. 今有錢一千四百一十六貫，欲買絹子，每匹價錢四貫文。問：得幾何？

答曰：三百五十四匹。

4. 今有銀二萬七千三百五十兩，欲爲課銀③，每鋌五十兩。問：爲幾鋌？

答曰：五百四十七鋌。

5. 今有錢四千四百一十六貫，欲買大羅，每匹價錢六貫文。問：得幾何？

答曰：七百三十六匹。

6. 今有錢六百二十四貫四百文，欲買甘草，每秤價錢七百文。問：得幾何？

答曰：八百九十二秤。

7. 今有錢五十貫七百二十文，欲買細布，每尺價錢八十文。問：得幾何？

答曰：六百三十四尺④。

---

①求一，即求一乘除法。穿輅，即代乘代除法。

②此題中，被除數爲 4320 文，除數爲 20 文，用歸除法，運算過程如下所示：

	千	百	十	文	
	4	3	2	0	除數爲 2，從被除數最高位千位呼起
2	0	3	2	0	千位 4，呼兩次 "逢二進成十"，本位 4 減 4 作 0，前位進 2
2	1	1	2	0	百位 3，呼 "逢二進成十"，本位 3 減 2 作 1，前位進 1
2	1	5	2	0	百位 1，呼 "二一添作五"，本位作 5
2	1	6	0	0	十位 2，呼 "逢二進成十"，本位 2 減 2 作 0，前位進 1 作 6
百	十	斗			得 216 斗

③課，同 "錁"，金銀鑄成的小錠。錁銀，即銀錠。

④此題中，被除數爲 50720 文，除數爲 80 文，用歸除法，運算過程如下所示：

萬	千	百	十	文	
5	0	7	2	0	除數爲 8，從被除數最高位萬位呼起
6	2	7	2	0	萬位 5，呼 "八五六十二"，本位 5 作 6，下位加 2
6	2	11	2	0	千位 2，呼 "八二下加四"，本位 2 不動，下位加 4
6	3	3	2	0	百位 11，呼 "逢八進一十"，本位 11 減 8 作 3，前位進 1
6	3	3	8	0	百位 3，呼 "八三下加六"，本位 3 不動，下位加 6
6	3	4	0	0	十位 8，呼 "逢八進一十"，本位 8 減 8 作 0，前位進 1
百	十	尺			得 634 尺

8. 今有錢三萬八千二百五十貫，欲買良馬，每匹價錢九十貫。問：得幾何？

答曰：四百二十五匹①。

術曰：列錢數爲實，以價錢爲法而一。合問。

9. 今有錢一十七貫七百四十五文，欲糴黑豆，斛價二百一十文。問：糴豆幾何？

答曰：八十四斛半②。

術曰：列錢數爲實，以斛價二百一十文爲法，實如法而一③。合問。

10. 今有錢二十四貫三十五文，欲買白蜜，斤價三百八十文。問：得幾何？

答曰：六十三斤四兩。

---

①此題中，被除數爲 38250 貫，除數爲 90 貫，用歸除法，運算過程如下所示：

萬	千	百	十	文	
3	8	2	5	0	除數爲 9，從被除數最高位萬位呼起
3	11	2	5	0	萬位 3，呼"九三下加三"，本位 3 不動，下位加 3
4	2	2	5	0	千位 11，呼"逢九進成十"，本位作 2，前位進 1
4	2	4	5	0	千位 2，呼"九二下加二"，本位 2 不動，下位加 2
4	2	4	9	0	百位 4，呼"九四下加四"，本位 4 不動，下位加 4
4	2	5	0	0	十位 9，呼"逢九進成十"，本位作 0，前位進 1
百	十	匹			得 425 匹

②此題中，被除數爲 17745 文，除數爲 210 文，此爲兩位數歸除，運算過程如下所示：

萬	千	百	十	文	
1	7	7	4	5	除數首位用歸除口訣，次位與商用九九口訣呼乘，得數從被除數中減去。
5	7	7	4	5	萬位 1，呼"二一添作五"，萬位 1 作 5
8	1	7	4	5	千位 7，呼三次"逢二進成十"，千位 7 減 6 作 1，萬位 5 進 3 作 8
		−8			初商 8 乘除數次位 1，呼"一八如八"，百位 7 減 8 作 9，萬位 1 減 1 作 0
8	0	9	4	5	
8	4	1	4	5	百位 9，呼四次"逢二進成十"，百位 9 減 8 作 1，千位 0 進 4 作 4
			−4		次商 4 乘除數次位 1，呼"一四如四"，十位 4 減 4 作 0
8	4	1	0	5	
8	4	5	0	5	百位 1，呼"二一添作五"，百位 1 作 5
				−5	三商 5 乘除數次位 1，呼"一五如五"，個位 5 減 5 作 0
8	4	5	0	0	
十	斛				得 84.5 斛

③實如法而一，實是被除數，法是除數，被除數中有一個除數，得數便是 1，被除數中有幾個除數，得數便是幾。被除數除以除數的過程，就叫"實如法而一"。這是古算中的常用術語。

術曰：列錢數爲實，以斤價三百八十文爲法除之。斤下分者，身外加六爲兩。合問。

11. 今有錢四十三貫八百七十五文，欲買水銀，斤價四貫五百文。問：買幾何？

答曰：九斤一十二兩。

術曰：列錢數爲實，以四貫五百文爲法，實如法而一。斤下分者，身外加六爲兩。合問。

12. 今有錢二十貫一百九十六文，欲買丁香，兩價五十四文。問：得幾何？

答曰：二十三斤六兩。

術曰：列錢數爲實，以五十四文爲法，實如法而一，得三百七十四兩，以斤率十六約之。合問。

13. 今有錢五貫六百六十一文，欲買陳皮，斤價六十八文。問：得幾何？

答曰：八十三斤四兩①。

術曰：列錢數爲實，以六十八文爲法，實如法而一。斤下分者，身外加六爲兩。合問。

14. 今有銀一十五兩一錢六分三釐二毫，每銀七釐二毫換片腦一銖。問：得幾何？

---

①此題中，被除數爲5661文，除數爲68文，用歸除法，運算過程如下所示：

千	百	十	文	
5	6	6	1		除數68文
8	8	6	1		千位5，呼"六五八十二"，千位5作8，百位6加2作8
	-6	-4			初商8乘除數次位8，呼"八八六十四"，百位8減6作2，十位6減4
8	2	2	1		作2
8	3	4	1		百位2，呼"六二三十二"，百位2作3，十位2加2作4
		-2	-4		次商3乘除數次位8，呼"三八二十四"，個位1減4作7，十位4減2減
8	3	1	7		借1作1
8	3	1	11		十位1，呼"六一下加四"，十位1不動，個位7加4作11
8	3	2	5	0	個位11，呼"逢六進成十"，個位11減6作5，十位1加1作2
		-1	-6		三商2乘除數次位8，呼"二八一十六"，個位次位0減6作4，個位5減
8	3	2	3	4	1減借1作3
8	3	2	5	4	個位3，呼"六三添作五"，個位3作5
				-4	四商5乘除數次位8，呼"五八四十"，個位次位4減4作0
8	3	2	5	0	
十	斤				得：83.25斤，即83斤4兩

答曰：五斤七兩一十八銖。

術曰：列銀數爲實，以七釐二毫爲法除之，得二千一百六銖。以斤銖法三百八十四約之①，得五斤；不滿法者，以兩銖法二十四約之，得七兩；不滿法者命之。合問。

15. 今有錢五百九十一貫九百四十八文，欲買銀朱，兩價八十七文。問：得幾裹？

答曰：一百八十九裹②。

術曰：列錢數爲實，以八十七文爲法，實如法而一，得六千八百四兩，以裹法三十六約之。合問。

16. 今有細米七斛九升五合三勺四抄，每九升一合準糯米一斛③。問：得幾何？

答曰：八斛七升四合。

術曰：列米數爲實，以九升一合爲法，實如法而一。合問。

17. 今有香油二百五十六斤半，每三斤一十二兩用芝麻一斛。問：用芝麻幾何？

---

①1 斤 = 16 兩，1 兩 = 24 銖，則：1 斤 = 16×24 = 384 銖。

②此題中，被除數爲 591948 文，除數爲 87 文，用歸除法，運算過程如下所示：

十萬	萬	千	百	十	文	
5	9	1	9	4	8	除數 87
6	11	1	9	4	8	十萬位 5，呼 "八五六十二"，十萬位作 6，萬位作 11
	-4	-2				初商 6 與除數次位，呼 "六七四十二"，千位作 9，萬位作 6
6	6	9	9	4	8	
6	7	13	9	4	8	萬位 6，呼 "八六七十四"，萬位作 7，千位作 13
6	8	5	9	4	8	千位 13，呼 "逢八進一十"，千位作 5，萬位作 8
		-5	-6			次商 8 與除數次位，呼 "七八五十六"，百位作 3，千位作 0
6	8	0	3	4	8	
6	8	0	3	10	8	百位 3，呼 "八三下加六"，百位 3 不動，十位作 10
6	8	0	4	2	8	十位 10，呼 "逢八進一十"，十位作 2，百位作 4
				-2	-8	三商 0，四商 4 與除數次位，呼 "四七二十八"，十、個兩位減盡
6	8	0	4	0	0	
千	百	十	兩			得：6804 兩，即 189 裹

③糯米，粗米。

答曰：六碩八斗四升①。

術曰：列油數爲實，以三斤七分半爲法除之。合問。

18. 今有麵四百零七斤，每六斤一十四兩用麥一斗。問：用麥幾何？

答曰：五碩九斗二升。

術曰：列麵數爲實，以六斤八分七釐半除之。八分七釐半者，乃十四兩留數。合問。

19. 今有鹽二千四百六十引，每引四百五斤爲率，今每引外，多附餘三十斤。問：共爲引數幾何？

答曰：二千六百四十二引九十斤。

術曰：列鹽引數於上，併率數、附餘，共得四百三十五斤乘之，得一百七萬一百斤爲實，以四百五斤爲法除之，不滿法者命之②。合前問③。

---

① 此題中，被除數爲256.5斤，除數爲3.75斤，爲三位數歸除，其中涉及"撞歸"和"起一"法。運算過程如下所示：

百	十	斤			
2	5	6	5		除數 375
6	7	6	5		百位 2，呼"三二六十二"，百位作 6，十位加 2 作 7
		−3	−0		初商 6 乘除數末位 5，呼"五六三十"
	−4	−2			初商 6 乘除數次位 7，呼"六七四十二"
6	3	1	5		
6	9	4	5		被除數 315 小於除數 375，不夠減，用撞歸法。 呼"見三無除作九三"，十位作 9，個位加 3 作 4
6	8	7	5		被除數 450，次商與除數次位末位乘積 9×75＝675，仍舊不夠減，用起一法。呼"起一下還三"，十位減 1 作 8，個位加 3 作 7
		−4	0		次商 8 乘除數末位 5，呼"五八四十"
	−5	−6			次商 8 乘除數次位 7，呼"七八五十六"
6	8	1	5	0	
6	8	3	6	0	個位 1，呼"三一三十一"，個位作 3，次位加 1 作 6
6	8	4	3	0	個位次位 6，呼"逢三進成十"，本位作 3，個位加進 1 作 4
		−2	−0		三商 4 乘除數末位 5，呼"四五二十"
	−2	−8			三商 4 乘除數次位 7，呼"四七二十八"
6	8	4	0	0	0
碩	斗	升			得：6 碩 8 斗 4 升

② 不滿法者命之，法即除數 405 斤，在被除數中，不能被除數 405 整除的零餘部分作分子，用除數 405 作分母，來命名一個分數。這是除法中不能除盡時命分的方法。

③ 此題先求得鹽的總斤數：2460×435＝1070100。再除以每引的斤數405，得：

$$1070100 \div 405 = 2642\frac{90}{405} 引 = 2642 引 90 斤$$

20. 今有豆粉一千七百五十九斤三兩八錢，每五斤六兩用豆一斛。問：豆
幾何？

　答曰：三十二碩七斛三升。

　術曰：列粉數，斤下留兩爲實，以五斤三分①七釐半爲法，實如法而一。
合問②。

---

①分，銅活字本誤作"粉"，據各本改。
②此題將被除數和除數皆化成斤，被除數 1759 斤 3 兩 8 錢化爲斤，得：

$$1759 \text{ 斤 } 3 \text{ 兩 } 8 \text{ 錢} = 1759 \text{ 斤} + 0.1875 \text{ 斤} + 0.05 \text{ 斤}$$
$$= 1759.2375 \text{ 斤}$$

除數 5 斤 6 兩化爲斤，得 5.375 斤。相除得：

$$1759.2375 \text{ 斤} \div 5.375 = 327.3 \text{ 斗} = 32 \text{ 碩 } 7 \text{ 斗 } 3 \text{ 升}$$

此爲四位歸除，運算過程如下所示：

①	②	③	④	⑤	⑥	⑦	⑧	
千	百	十	斤					
1	7	5	9	2	3	7	5	除數 5375，首位 5
2	7	5	9	2	3	7	5	①位 1，呼"五歸添一倍"
3	2	5	9	2	3	7	5	②位 7，呼"逢五進成十"
			-1	-5				初商 3 乘除數末位 5：3×5＝15
		-2	-1					初商 3 乘除數三位 7：3×7＝21
		-9						初商 3 乘除數次位 3：3×3＝9
3	1	4	6	7	3	7	5	
3	2	4	6	7	3	7	5	②位 1，呼"五歸添一倍"
			-1	-0				次商 2 乘除數末位 5：2×5＝10
		-1	-4					次商 2 乘除數三位 7：2×7＝14
		-6						次商 2 乘除數次位 2：2×3＝6
3	2	3	9	2	3	7	5	
3	2	6	9	2	3	7	5	③位 3，呼"五歸添一倍"
3	2	7	4	2	3	7	5	④位 9，呼"逢五進成十"
			-3	-5				三商 7 乘除數末位 5：7×5＝35
		-4	-9					三商 7 乘除數三位 7：7×7＝49
		-2	-1					三商 7 乘除數次位 2：7×3＝21
3	2	7	1	6	1	2	5	
3	2	7	2	6	1	2	5	④位 1，呼"五歸添一倍"
3	2	7	3	1	1	2	5	⑤位 6，呼"逢五進成十"
			-1	-5				四商 3 乘除數末位 5：3×5＝15
		-2	-1					四商 3 乘除數三位 7：3×7＝21
		-9						四商 3 乘除數次位 2：3×3＝9
3	2	7	3	0	0	0	0	
百	十	斗	升					得 327 斗 3 升，即 32 碩 7 斗 3 升

21. 今有紬一萬尺①，每一尺二分四釐換麻一斤。問：換麻幾何？

答曰：九千七百六十五斤一十兩。

術曰：列紬數爲實，以一尺二分四釐爲法，實如法而一。斤下分者，身外加六爲兩。合前問。

22. 今有錢二萬貫，欲買細絲，斤價四貫九十六文。問：得絲幾何？

答曰：四千八百八十二斤一十三兩。

術曰：列錢數爲實，以斤價四貫九十六文爲法除之。斤下分者，身外加六爲兩。合問。

23. 今有米三萬斛，每八升一合九勺二抄折豆一斛。問：折豆幾何？

答曰：三千六百六十二碩一斛九合三勺七抄五撮。

術曰：列米數爲實，以八升一合九勺二抄爲法，實如法而一。合問。

24. 今有芝麻四萬碩，每五升一合二勺對粟一斛。問：對粟幾何？

答曰：七萬八千一百二十五碩。

術曰：列芝麻數爲實，以五升一合二勺爲法除之。合問。

25. 今有錢五百貫，欲糴小麥，每斛價錢一貫二百八十文。問：糴麥幾何？

答曰：三百九十斛六斛二升半。

術曰：列錢數爲實，以一貫二百八十文爲法，實如法而一。合問。

26. 今有人參六萬斤，每三十一斤四兩換茶一引。問：換茶幾何？

答曰：一千九百二十引。

術曰：列人參數爲實，以三十一斤二分半爲法，實如法而一。合問。

27. 今有金七萬銖，每三十五銖八絫四黍易片腦一斤。問：易腦幾何？

答曰：一千九百五十三斤二兩。

術曰：列金數爲實，以三十五銖八絫四黍爲法，實如法而一，得一千九百五十三斤。斤下一分二釐五毫，以斤率十六乘之，得二兩。合問。

28. 今有地八萬畝，每六畝二分五釐直銀一斤。問：直銀幾何？

答曰：一萬二千八百斤。

---

①紬，同"綢"，絲綢。

術曰：列地畝數爲實，以六畝二分五釐爲法，實如法而一。合問。

29. 今有稻九萬斛，每田一畝，收稻五斗七斗六升。問：田幾何？

答曰：一百五十六頃二十五畝。

術曰：列稻數爲實，以五斗七斗六升爲法，實如法而一。合問。

異乘同除門[①]八問

1. 今有錢九貫八百七十九文，糴米五碩三斗四升，只有米三十六碩九斗。問：直錢幾何？

答曰：六十八貫二百六十五文[②]。

術曰：列只有米數，以九貫八百七十九文乘之爲實，以五碩三斗四升爲法除之。市廛日用[③]，而今有之。合問。

2. 今有米五十三斗四升，直錢九貫八百七十九文，只有錢六十八貫二百六十五文。問：得米幾何？

答曰：三百六十九斗[④]。

術曰：列只有錢數，以五十三斗四升乘之爲實，以九貫八百七十九文爲法，實如法而一。合問。

---

①異乘同除，古算書中又叫"今有術"，相當於今天的比例算法。

②此問計算過程如下：

$$只有錢 = \frac{只有米 \times 今有錢}{今有米}$$

$$= \frac{369\,斗 \times 9879\,文}{53.4\,斗}$$

$$= 68265\,文 = 68\,貫\,265\,文$$

其中，米與錢爲異名，米與米、錢與錢爲同名。（只有米×今有錢）爲異乘；（只有米÷今有米）爲同除。

③市廛，集市。

④前問求只有錢，此文求只有米，計算過程如下：

$$只有米 = \frac{只有錢 \times 今有米}{今有錢}$$

$$= \frac{9879\,文 \times 53.4\,斗}{68265\,文}$$

$$= 369\,斗$$

3. 今有銀二十二兩五錢二分半，倒絲六斤一十兩①，只有絲三百四斤一十二兩。問：倒銀幾何？

答曰：一千三十六兩一錢半②。

術曰：列只有絲數，斤下留兩，以二十二兩五錢二分半乘之爲實，以六斤六分二釐半爲法，實如法而一。六分二釐半者，乃十留六二五。合問。

4. 今有絲六斤一十兩，直銀二十二兩五錢二分半，只有銀一千三十六兩一錢半。問：得絲幾何？

答曰：三百四斤一十二兩。

術曰：列只有錢數，以六斤六分二釐半乘之爲實，以二十二兩五錢二分半爲法除之。斤下分者，身外加六爲兩。合問。

5. 今有人借絹一匹一丈四尺，闊一尺八寸，今還絹闊二尺五寸。問：還長幾何？匹法三十二尺。

答曰：一匹一尺一寸二分③。

術曰：列絹，通尺內子，得四十六尺，以闊一尺八寸乘之爲實，以二尺五寸爲法除之，仍以匹法約之。合問。

―――――――――――

①倒，倒換。

②此問運算過程如下：

$$只有銀 = \frac{只有絲 \times 今有銀}{今有絲}$$

$$= \frac{304\ 斤\ 12\ 兩 \times 22\ 兩\ 5\ 錢\ 2\ 分半}{六斤\ 10\ 兩}$$

$$= \frac{304.75\ 斤 \times 22.525\ 兩}{6.625\ 斤}$$

$$= 1036.16\ 兩$$

後問已知"只有銀"，求"只有絲"，方法相似，茲不贅述。

③此問中，絹的面積一定，已知借絹長和闊，以及還絹闊，求還絹長，運算過程如下：

$$還長 = \frac{借長 \times 借闊}{還闊}$$

$$= \frac{1\ 匹\ 1\ 丈\ 4\ 尺 \times 1\ 尺\ 8\ 寸}{2\ 尺\ 5\ 寸}$$

$$= \frac{46\ 尺 \times 1.8\ 尺}{2.5\ 尺}$$

$$= 33.12\ 尺$$

$$= 1\ 匹\ 1\ 尺\ 1\ 寸\ 2\ 分$$

其中，借長與還長、借闊與還闊爲同名；借長與借闊、還長與還闊爲異名。後問同。

6. 今有人借絹一匹一尺一寸二分，闊二尺五寸，今還絹闊一尺八寸。問：還長幾何？<small>匹法同前。</small>

答曰：一匹一丈四尺。

術曰：列絹，通尺內子，得三十三尺一寸二分，以二尺五寸乘之爲實，以一尺八寸爲法，實如法而一，仍以匹法約之。合問。

7. 今有織錦七匹六尺五寸，用絲八斤二兩二十一銖，欲織八十四匹一丈五尺。問：用絲幾何？<small>匹法二十四尺。</small>

答曰：九十五斤三兩六銖。

術曰：列八斤，通兩，內子二，得一百三十兩，以二十四銖通之，內子二十一，得三千一百四十一銖於上位。又列八十四匹，以匹法通之，內子得二千三十一尺，以乘上位，得六百三十七萬九千三百七十一爲實。又列七匹，通尺內子，得一百七十四尺五寸，爲法除之，得三萬六千五百五十八銖。以斤銖法三百八十四約之爲斤，不滿法者，以兩銖法二十四約之爲兩，不滿法者命之。合問①。

8. 今有絲八斤二兩二十一銖，織錦七匹六尺五寸，只有絲九十五斤三兩六銖。問：織錦幾何？<small>匹法同前。</small>

答曰：八十四匹一丈五尺。

術曰：列只有絲，通兩內子，得一千五百二十三兩，以二十四銖通之，內子六，共得三萬六千五百五十八銖於上位。又列七匹，通尺內子，得一百七十四尺五寸，以乘上位，得六百三十七萬九千三百七十一爲實。又列八斤，通兩內子，得一百三十兩。以二十四銖通之，內子二十一，共得三千一百四十一爲法。實如法而一，得二千三十一尺，以匹法約之。合問。

---

① 此問運算過程如下：

$$只有絲 = \frac{今有絲 \times 只有錦}{今有錦}$$

$$= \frac{8\,斤\,2\,兩\,21\,銖 \times 84\,匹\,1\,丈\,5\,尺}{7\,匹\,6\,尺\,5\,寸}$$

$$= \frac{3141\,銖 \times 2031\,尺}{174.5\,尺}$$

$$= 36558\,銖$$

$$= 95\,斤\,3\,兩\,6\,銖$$

後問已知"只有絲"，求"只有錦"，方法相似，不贅。

庫務解稅門①十一問

1. 今有人典錢八十五貫七百文②，每貫月利三十文，今八箇月。問：利錢幾何？

答曰：二十貫五百六十八文。

術曰：列本錢八十五貫七百於上位。置八箇月，以三十文乘之，得二百四十文，以乘上位，即得。<small>而今有之。</small>合問③。

2. 今有人典錢二百三十六貫，每貫月利二十五文④，今七箇月九日。問：利錢幾何？

答曰：四十三貫七十文。

術曰：列九日，以三十日除之，得三分，加入七箇月，共得七箇月三分。以二十五文乘之，得數，以乘本錢二百三十六貫。合問⑤。

3. 今有人借銀二十五兩，每兩月利二分五釐。問：幾何月而本利適等⑥？

答曰：四十箇月。

術曰：列借銀爲實，以六錢二分五釐爲法，實如法而一。<small>爲法之數，乃是二</small>

---

①此門收錄有關納稅、利息的問題。

②典，抵押。典錢，通過抵押借來的錢。

③此問解法爲：

$$利錢 = 本錢 \times 月利 \times 月數$$
$$= 85.700 \times 30 \times 8$$
$$= 20.568 \ 貫$$
$$= 20 \ 貫 \ 568 \ 文$$

④二十五，羅刻本"二"誤作"三"。

⑤此問先將日化作月：

$$7月9日 = 7 + \frac{9}{30} = 7.3 \ 月$$

解得：

$$利錢 = 236 \times 25 \times 7.3$$
$$= 43.07 \ 貫$$
$$= 43 \ 貫 \ 70 \ 文$$

⑥月，銅活字本、金刻本、金鈔本、羅刻本皆作"日"，諺解本作"月"。據上下文，作"月"是，據改。

分五釐乘借銀，故爲法。合問①。

又法②：列銀一兩爲實，以二分半爲法，實如法而一。亦合前問。

4. 今有人借錢，共還本利九百九十六貫六百五十六文，只云每貫月利三十五文，今九箇月一十八日。問：元借錢幾何？

答曰：七百四十六貫。

術曰：置共還錢爲實，列九箇月六分，六分者，乃三十日除一十八日。以三十五文乘之，得數，加本錢一貫，共得一貫三百三十六文爲法。實如法而一，得元借錢數③。合問④。

5. 今有人借銀九十兩，月利二兩，只云今共還四千三百五十六兩，經三箇月一十二日。問：本利幾何？

答曰：本銀四千五十兩；　　利銀三百六兩。

術曰：置共還銀，以九十兩乘之，得三十九萬二千四十爲實。列三箇月

---

①本利適等，即利錢等於本錢，皆爲25兩。此題解法如下所示：

$$月數 = \frac{利錢}{本錢 \times 月利}$$

$$= \frac{25\ 兩}{25\ 兩 \times 2\ 分\ 5\ 釐}$$

$$= \frac{25\ 兩}{6\ 錢\ 2\ 分\ 5\ 釐}$$

$$= 40\ 月$$

②又法，諺解本作"又術"，金刻本、金鈔本、羅刻本俱作"又術曰"。

③元，同"原"，原來。

④共還本利，係本錢與利錢之和。即：

$$本利和 = 本錢 + 利錢$$

$$= 本錢 + 本錢 \times 月利 \times 月數$$

$$= 本錢 \times (1 + 月利 \times 月數)$$

已知本利求本錢，則爲：

$$本錢 = \frac{本利和}{1 + 月利 \times 月數}$$

$$= \frac{996\ 貫\ 656\ 文}{1\ 貫 + 35\ 文 \times 9\ 月\ 18\ 日}$$

$$= \frac{996656}{1000 + 35 \times 9.6}$$

$$= 746\ 貫$$

四分①，以二兩因之，得數，加入九十兩，共得九十六兩八錢爲法。實如法而一，得本銀。反減共還銀數，餘即利銀也。合問②。

6. 今有官倉共收糧一千八百一十一碩三斗一升四勺，每斗帶耗七合五勺六抄。問：正糧幾何？

答曰：一千六百八十四碩。

術曰：列共收糧爲實，併正耗糧，得一斗七合五勺六抄爲法，實如法而一。合問③。

7. 今有稅務法則，三十貫納稅一貫，客持絲六百四十斤④，斤價三貫二百五十二文。問：納稅錢幾何？

答曰：六十九貫三百七十六文。

---

①列，金刻本、金鈔本、羅刻本脱。

②此題問本錢和利錢分別是多少。根據題意，先求本錢：

$$本錢 = \frac{本利和}{1 + 月利 \times 月數}$$

$$= \frac{4356\ 兩}{1 + \frac{2\ 兩}{90\ 兩} \times 3\ 月\ 12\ 日}$$

$$= \frac{4356 \times 90}{90 + 2 \times 3.4}$$

$$= \frac{392040}{96.8} = 4050\ 兩$$

再求利錢：

$$利錢 = 本利和 - 本錢$$

$$= 4356 - 4050 = 306\ 兩$$

③耗，古代官府在征收糧食時，往往在額定之外，加征一部分，用來補償運輸過程中産生的損耗。這種以彌補損耗的名義加征的部分，稱作耗糧。而額定征收的部分，則稱作正糧。正糧與耗糧的比例，因時而異。在此題中，耗糧和正糧的比例（耗率）爲：

$$\frac{7\ 合\ 5\ 勺\ 6\ 抄}{1\ 斗} = \frac{0.0756}{1}$$

根據題意：

$$共糧 = 正糧 + 耗糧$$

$$= 正糧 + 正糧 \times 耗率$$

$$= 正糧 \times (1 + 耗率)$$

今求正糧，解得：

$$正糧 = \frac{共糧}{1 + 耗率} = \frac{18113.14}{1.0756} \approx 16840\ 斗 = 1684\ 碩$$

④客，商販。持，攜帶。

術曰：列絲數，以斤價乘之，得二千八十一貫二百八十文。又以一貫乘之爲實，以三十貫爲法，實如法而一。而今有之。合問①。

8. 今有客持香七百八十四斤，舶司稅之②，八而取一。今稅一百斤，却貼與客錢一貫七百三十文。問：斤價幾何？

答曰：八百六十五文。

術曰：列客持香數，以八而一，得九十八斤。乃合稅之香數③。以減一百斤，餘二斤爲法。列貼與客錢爲實，實如法而一，得斤價也。合問④。

9. 今有客持珍珠三千七百六十顆，舶司稅之，四十分取三。今稅訖三百顆，貼與客錢一十貫三百五十文，欲買一百五十顆。問：與錢幾何？

答曰：八十六貫二百五十文。

術曰：列客持珠數，三之四十而一，得二百八十二顆。乃合稅之珠數。以減三百顆，餘一十八爲法。列一百五十顆，以貼與客錢乘之爲實，實如法而一，即得。合問⑤。

---

①此題先求得總絲價：

$$640 \text{斤} \times 3 \text{貫} 252 \text{文} = 2081 \text{貫} 280 \text{文}$$

用總絲價乘稅率，求得稅錢：

$$2081 \text{貫} 280 \text{文} \times \frac{1 \text{貫}}{30 \text{貫}} = 69 \text{貫} 376 \text{文}$$

②舶司，即市舶司，宋代叫提舉市舶司，設於廣州、杭州、明州等地，是管理商用船舶，征收關稅、收買進口物資的機構。元明兩代叫市舶提舉司，清代廢置。

③合，應該。合稅，即應稅。

④此題先求本應征收的稅數：

$$\frac{784}{8} = 98 \text{斤}$$

現在征收了 100 斤，多征了 2 斤，倒貼商販 1 貫 730 文，則每斤香價爲：

$$\frac{1 \text{貫} 730 \text{文}}{2} = 865 \text{文}$$

⑤此題先求本應征收的稅數：

$$3780 \times \frac{3}{40} = 282 \text{顆}$$

現在征收了 300 顆，多征了 18 顆，倒貼商販 10 貫 350 文，則每顆珍珠的價錢爲：

$$\frac{10 \text{貫} 350 \text{文}}{18} = 575 \text{文}$$

則 150 顆的價錢爲：

$$150 \times 575 \text{文} = 86250 \text{文} = 86 \text{貫} 250 \text{文}$$

10. 今有客持胡椒，兩務稅之①，先稅十分取一，次稅三十分取一。今共稅訖三十五斤一兩六錢。問：客元持椒幾何？

答曰：二百七十斤。

術曰：列共稅訖椒數，通兩内子，得五百六十一兩六錢，十之爲實，以一兩三錢爲法，實如法而一，爲法之數，以十兩爲率，兩次官合稅一兩三錢②，故爲法也。以斤率十六約之。今市舶司有之。合問③。

11. 今有客持降真，兩務稅之，先稅三十分取一，次稅五十分取三，餘有三千斤。問：客元持降真幾何？

答曰：三千三百一斤一千三百六十三分斤之七百三十七。④

術曰：置三千斤，以所稅者三十乘之，又以五十乘之，得四百五十萬爲實。以不稅者二十九、四十七相乘，得一千三百六十三爲法。實如法而一，不滿法者命分。合問⑤。

---

①務，古時掌管貿易和稅務的機構。兩務稅之，即經過兩次征稅。《元史·食貨志》"市舶"條云："至元十四年……定雙抽、單抽之製。雙抽者，蕃貨也；單抽者，土貨也。"
②官，諺解本作"乃"。
③根據題意，可知：

$$共稅 = 先稅 + 次稅 = \frac{原椒}{10} + \frac{原椒 - 先稅}{30}$$

$$= \frac{原椒}{10} + \frac{原椒 - \frac{原椒}{10}}{30}$$

$$= \frac{原椒}{10} \times (1 + \frac{10 - 1}{30})$$

$$= \frac{原椒}{10} \times 1.3$$

則已知共稅，求得原椒爲：

$$原椒 = \frac{10 \times 共稅}{1.3} = \frac{10 \times 35\,斤\,1\,兩\,6\,錢}{1.3} = 270\,斤$$

④原書答文中的分數部分皆爲小字，因與前文整數部分連讀，今全部改成大字。下文同。
⑤根據題意，知：

$$稅餘 = 原降真 \times \frac{30 - 1}{30} \times \frac{50 - 3}{50} = 原降真 \times \frac{29 \times 47}{30 \times 50}$$

若求原降真，得：

$$原降真 = 稅餘 \times \frac{30 \times 50}{29 \times 47} = 3000 \times \frac{30 \times 50}{29 \times 47} = 3301\frac{737}{1363}\,斤$$

折變互差門①十五問

1. 今有香油三兩，折菜油四兩，只云香油斤價四百文，却有菜油八十四斤一十二兩。問：直錢幾何？

答曰：二十五貫四百二十五文。

術曰：列香油斤價，以三兩因之，十六而一，得七十五文。乃香油三兩折菜油四兩之價。列菜油，通兩內子，得一千三百五十六兩，以七十五文乘之爲實，以四兩爲法除之。合問②。

2. 今有人欠錢一萬一千二百五十貫，欲還錢銀適等，其銀每兩折錢五貫文。問：各還幾何？

答曰：錢一千八百七十五貫；　　銀一千八百七十五兩。

術曰：列欠錢數，五之，得五萬六千二百五十貫爲實，以三十爲法，實如法而一。合問。

又術③：列欠錢數爲實，以六除之，即得錢銀適等也④。而今有之，中統、至

---

①該門收錄的是比較複雜的比例問題。折，折換、對換。差，差等。
②此題已知每斤香油價錢，先求三斤香油價錢，即四兩菜油價錢：

$$400 \text{文} \times 3 \text{兩} = 400 \text{文} \times \frac{3}{16} \text{斤}$$

$$= \frac{400 \times 3}{16} = 75 \text{文}$$

進而求得 84 斤 12 兩菜油價錢爲：

$$\frac{75 \text{文}}{4 \text{兩}} \times 84 \text{斤} 12 \text{兩} = \frac{75 \times (84 \times 16 + 12)}{4}$$

$$= \frac{101700}{4} = 25425 \text{文} = 25 \text{貫} 425 \text{文}$$

③又術，金刻本、金鈔本、羅刻本"術"下有"曰"字。
④此題意爲：有人用銅錢和銀子來償還 11250 貫銅錢，要求銅錢的貫數和銀子的兩數相等，已知 1 兩銀子等於 5 貫銅錢，問銅錢和銀子各應還多少？術文給出兩種解法，第一種解法爲：

$$\frac{11250 \times 5}{30} = \frac{56250}{30} = 1875 \text{贯} / \text{兩}$$

第二種解法爲：

$$\frac{11250}{6} = 1875$$

元是也。

3. 今有人欠錢一千九百五十八貫，欲還二分銀一分錢，其銀每兩折錢五貫。問：各還幾何？

答曰：錢一百七十八貫； 銀三百五十六兩。

術曰：列欠錢數，五之，得九千七百九十貫爲實，以五十五爲法。實如法而一，得錢數，倍之，爲銀數也。合問。

又術：列欠錢爲實，身外減一得錢也，倍之爲銀①。

4. 今有錢七十三貫五百八十四文，欲買油、麵、粉三色適等。油斤價三百四十八文，麵斤價一百二十四文，粉斤價一百一十二文。問：各等重幾何？

答曰：各一百二十六斤。

術曰：列錢數爲實，併三色斤價，得五百八十四文爲法。實如法而一，得等重也。合問②。

5. 今有錢七千四百九十一貫八百九十文，欲買綾、羅、絹。綾匹價一十二貫七百六十文，羅匹價九貫八百九十四文，絹匹價七百六十六文，須要綾一羅二絹三買之。問：三色各幾何？

---

①"倍之爲銀"四字，金刻本、金鈔本、羅刻本作小字。設錢貫數爲 x，根據題意，銀兩數爲 $2x$，則：

$$x + 5 \times 2x = 1958$$

$$x = \frac{1958}{11} = 178 \text{ 貫}$$

$$2x = 358 \text{ 兩}$$

術文給出兩種解法，第一種爲：

$$錢數 = \frac{1958 \times 5}{55} = 178 \text{ 貫}$$

加倍得銀數。

第二種解法爲：

$$錢數 = \frac{1958}{11} = 178 \text{ 貫}$$

加倍得銀數。身外減一，即除以 11。

②設各重 x 斤，根據題意列：

$$348x + 124x + 112x = 73584$$

解得：

$$x = \frac{73584}{348 + 124 + 112}$$

$$= 126 \text{ 斤}$$

答曰：綾二百一十五匹；　　　羅四百三十匹；

絹六百四十五匹。

術曰：列錢數爲實，二之羅價[1]，三之絹價，加入綾價，共併得三十四貫八百四十六文爲法。實如法而一，得綾。副置[2]，上位倍之爲羅，下位三之爲絹。合問[3]。

6. 今有羅一十匹二丈六尺，欲染大紅，只云內出羅四尺五寸換花[4]，染得一丈五尺五寸。問：出羅染羅各幾何？匹法三十二尺。

答曰：染羅八匹一丈二尺一寸半；　　　出羅二匹一丈三尺八寸半。

術曰：置今有羅，通尺內子，得三百四十六尺，以一丈五尺五寸乘之，得五千三百六十三尺爲實。併出染羅，得二十尺爲法。實如法而一，得染羅。以減三百四十六尺，餘即出羅，各以匹法約之。合問[5]。

7. 今有客糴米六百五十三碩，斛價一百二十八文，雇車裝載，每斛脚錢三十二文[6]，止於米內依元價折還。問：各幾何？

答曰：客米五百二十二碩四斗[7]；　　　脚米一百三十碩六斗。

---

①二之，以 2 乘之。

②副置，副即貳，副置指在上下兩位分別布置算籌。李籍《九章算術音義》："別設算位，有所分也。"

③設買綾 x 匹，則買羅 $2x$ 匹，買絹 $3x$ 匹，根據題意列：

$$12760x + 9894 \cdot 2x + 766 \cdot 3x = 7491890$$

解得綾數：

$$x = \frac{7491890}{12760 + 19688 + 2298} \approx 215.6$$

取整數，得綾數爲 215 匹，則羅數爲 430 匹，絹數爲 645 匹。

④花，指紅花，磨汁可用來染布。《永嘉聞見録》卷下云："永嘉三四月間，人家婦女競買紅花染布，爲衣帛之用。"

⑤此題意爲：一共有羅 10 匹 2 丈 6 尺，一部分用來換紅花，一部分用換取的紅花來染色。已知用羅 4 尺 5 寸換取的紅花，可以染羅 1 丈 5 尺 5 寸。問：如果將這些羅全部染成紅色，用來換紅花的羅有多少？染成紅色的羅有多少？術文先求染羅：

$$10 匹 2 丈 6 尺 \times \frac{1 丈 5 尺 5 寸}{4 尺 5 寸 + 1 丈 5 尺 5 寸} = \frac{346 尺 \times 15.5 尺}{20 尺}$$
$$= 268.15 尺$$
$$= 8 匹 1 丈 2 尺 1 寸半$$

用總羅減去染羅，即出羅數。

⑥脚錢，運費。

⑦客，販賣。

術曰：列米數於上，以斛價乘之，得八百三十五貫八百四十文爲實。併斛價、脚錢，共得一百六十文爲法。實如法而一，得客米。反減共米，餘即脚米也。合問①。

8. 今有人欲納粟八百八十九碩四斛七升半，只云每粟一斛準米六升②，菉豆八升折粟一斛，本粟一斛，止納一斛，須令三色適等納之③。問：各停納幾何④？

答曰：各二百二十七碩一斛。

術曰：列共粟，以米六升乘之，得五千三百三十六斛八升五合爲實。以二斛三升五合爲法，實如法而一。爲法數者，各以六升爲率。米折粟一斛，豆折粟七升五合，本粟六升，三位併之，共得二斛三升半爲法也。合問⑤。

9. 今有足色金五十兩，欲爲八分金⑥，問：入銀幾何？

答曰：一十二兩五錢。

術曰：列金數爲實，以八分爲法而一，得六十二兩五錢。內減五十兩，

---

①此題與前題相類，術文可表示如下：

$$客米 = 653 \text{ 碩} \times \frac{128 \text{ 文}}{128 \text{ 文} + 32 \text{ 文}}$$

$$= \frac{6530 \text{ 斗} \times 128 \text{ 文}}{128 \text{ 文} + 32 \text{ 文}}$$

$$= 5224 \text{ 斗} = 522 \text{ 碩} 4 \text{ 斗}$$

用總米減去客米，即脚米。

②準，抵償，折合。

③色，種類，品種。三色，指粟、米、菉豆三種糧食。

④停，總數分成若干份，其中一份叫作“停”。此題中，粟、米、菉豆三色適等，一色即一停。

⑤此題意爲：有人納粟若干，分成粟、米、菉豆三種糧食來繳納，每種糧食所占份額相同。已知各種糧食的比率爲：

$$1 \text{ 斗粟} = 6 \text{ 升米}$$
$$1 \text{ 斗粟} = 8 \text{ 升菉豆}$$

問每種糧食各繳納多少？根據術文，求得各色糧食繳納的斗數爲：

$$8894.75 \text{ 斗} \times \frac{6 \text{ 升}}{6 \text{ 升} + 1 \text{ 斗} + 7 \text{ 升 5 合}} = 2271 \text{ 斗}$$

其中，6 升 + 1 斗 + 7 升 5 合，是以 6 升爲 1 份時，1 份粟、1 份米和 1 份菉豆折算成的粟數。

⑥八分金，成色爲八成的金子，含金八成，含銀二成。

餘即入銀。合問①。

10. 今有銀一十二兩五錢，足色金五十兩，併而同煉。問：爲顏色分數幾何？

答曰：八分色。

術曰：列金五十兩爲實，併金銀得六十二兩五錢爲法，實如法而一。合問②。

11. 今有絲六十二斤半，換金一十兩，内八分半金五兩，七分半金五兩。問：二色金每兩直絲幾何？

答曰：八分半直六斤一十兩二錢五分；

　　　七分半直五斤一十三兩七錢五分③。

術曰：置絲，通兩爲實。列五兩，以八分半乘之；又列五兩，以七分半乘之。得數併之，得八兩乃是十分金數。爲法。實如法而一，得一百二十五兩。乃一兩金之絲數也。副置，上以八分半乘之，下以七分半乘之，又各以斤率約之。合問④。

12. 今有粟一十九碩六斗八合，欲爲糙、細二米。糙米八升用粟一斗，細米五升一合二勺用粟一斗，須令糙米倍之細米之數。問：各幾何？

答曰：細米四碩四斗三合二勺；　　糙米八碩八斗六合四勺。

術曰：列粟數，以五升一合二勺乘之，得一百斗三升九合二勺九抄六撮

---

①依據術文列式：

$$\frac{50}{0.8} - 50 = 62.5 - 50 = 12.5 \, 兩$$
$$= 12 \, 兩 \, 5 \, 錢$$

②依據術文列式：

$$\frac{50}{50 + 12.5} = 0.8$$

③一十兩二錢五分、一十三兩七錢五分，金刻本、金鈔本、羅刻本俱作小字。

④依據術文，求得八分金每兩值絲：

$$\frac{62.5 \, 斤}{0.85 \times 5 \, 兩 + 0.75 \times 5 \, 兩} \times 0.85 = \frac{1000 \, 兩}{8 \, 兩} \times 0.85$$
$$= 106.25 \, 兩 = 6 \, 斤 \, 10 \, 兩 \, 2 \, 錢 \, 5 \, 分$$

七分半金每兩值絲：

$$\frac{62.5 \, 斤}{0.85 \times 5 \, 兩 + 0.75 \times 5 \, 兩} \times 0.75 = 5 \, 斤 \, 13 \, 兩 \, 7 \, 錢 \, 5 \, 分$$

爲實。以二斛二升八合爲法，實如法而一。爲法之數，各以五升一合二勺爲率。細米一停，折粟一斛；糙米二停，折粟一斛二升八合。二位併之，共得二斛二升八合，故爲法也。得細米數，倍之爲糙米。合問①。

13. 今有鹽五千七百引，欲令大船一停，小船二停載之。只云大船三隻載五百引，小船四隻載三百引。問：各幾何？

答曰：大船一十八隻；　　　小船三十六隻。

術曰：列三隻、四隻於左行，五百、三百於右行，母互乘子，右上得二千，右下倍之②，得一千八百。二位併之，得三千八百爲法。左行分母相乘，得一十二，以乘五千七百引，得六萬八千四百爲實。實如法而一，得大船，倍之即小船。合問③。

14. 今有馬軍七人，給腿裙絹二匹二丈；步軍六人，給胖襖絹四匹三丈二尺。今共有絹六千六百二十二匹四尺，欲給馬步軍人適等。問：各幾何？匹法三十八尺。

答曰：各五千六百七十人。

術曰：先列七人於左上，六人於左下。又列九十六尺於右上，一百八十四尺於右下。以左行互乘右行，右上得五百七十六，右下得一千二百八十八。二位相併，得一千八百六十四爲法。左行分母相乘，得齊四十二。乃是馬軍四十二人，得腿裙絹五百七十六尺；步軍四十二人，得胖襖絹一千二百八十八尺。列絹六千六百二十二匹，以三十八乘之，得數。搭入四尺，共得二十五萬一千六百四十尺。

---

①依據術文，求得細米：

$$9\,碩\,6\,斗\,8\,合 \times \frac{5\,升\,1\,合\,2\,勺}{1\,斗 + \dfrac{2 \times 5\,升\,1\,合\,2\,勺}{8\,升}} = \frac{100.39296}{2.28} = 44.032\,斗$$

加倍得糙米。其中：

$$1\,斗 + \frac{2 \times 5\,升\,1\,合\,2\,勺}{8\,升}$$

是以 5 升 1 合 2 勺爲一份時，得到 1 份細米和 2 份粗米所需的粟數。

②右，金刻本、金鈔本、羅刻本誤作“石”。羅士琳《識誤》云：“案：上文‘右上得二千’，此則‘石下’當作‘右下’。”

③依據術文，求得大船：

$$\frac{3 \times 4 \times 5700}{3 \times 300 \times 2 + 4 \times 500} = \frac{68400}{3800} = 18\,隻$$

加倍，得小船。

以分母四十二乘之，得一千五十六萬八千八百八十爲實。以一千八百六十四爲法，實如法而一，各得五千六百七十人。合問①。

15. 今有糧一萬三千四百七十七碩一斛三分斛之一，欲給軍人，只云馬軍六人，給糧五十三斛；水軍七人，給糧五十四斛；步軍九人，給糧五十五斛。其馬軍如水軍中半②，步軍多如馬軍太半③。問：三色軍及各給糧幾何？

答曰：馬軍三千一百六十四人；糧二千七百九十四碩八斛三分斛之二。

水軍六千三百二十八人；糧四千八百八十一碩六斛。

步軍九千四百九十二人。糧五千八百碩六斛三分斛之二。

術曰：列六人、七人、九人於左行，五十三斛、五十四斛、五十五斛於右行，左行互乘右行訖。右上得三千三百三十九，倍右中得五千八百三十二，三因右下得六千九百三十④，共併，又三因之，得四萬八千三百三爲法。左行相乘，得三百七十八。列共糧，通分内子，以三百七十八乘之，得一億五千二百八十三萬六百九十二爲實。以四萬八千三百三爲法。實如法而一，得馬軍，倍之爲水軍，三之即步軍也。求各糧者，列三色軍數，各以本色給糧乘之爲實，以各軍率除之。合問⑤。

算學啓蒙卷上

---

①依據術文，求得馬步軍人數各爲：

$$\frac{7 \times 6 \times 251640}{7 \times 184 + 6 \times 96} = \frac{10568880}{1864} = 5670 \text{ 人}$$

②中半，二分之一。

③太半，三分之二。根據後文答案和術文，可知步軍數爲馬軍數三倍。則此"太半"似當理解爲，步軍比馬軍所多的人數爲步軍的三分之二。諺解本即作"三倍"。

④右上、右中、右下，銅活字本、金刻本、金鈔本、羅刻本俱誤"右"爲"左"。羅士琳《識誤》云："案：三'左'字據術皆當爲'右'字。"諺解本即作"右"，據改。

⑤依據術文，求得馬軍人數爲：

$$\frac{(6 \times 7 \times 9) \times (134771\frac{1}{3})}{(7 \times 9 \times 53) + (6 \times 9 \times 54) \times 2 + (6 \times 7 \times 55) \times 3} = \frac{378 \times 404314}{16101 \times 3}$$

$$= \frac{152830692}{48303}$$

$$= 3164 \text{ 人}$$

其他各項依次可求。

算學啓蒙卷中

田畝形段門①十六問

1. 今有方田一段，自方九十六步。問：爲田幾何？

答曰：三十八畝四分。

術曰：列九十六步，自乘得九千二百一十六步，爲田積也。以畝法二百四十步除之。合問。

2. 今有直田一段，長四十九步，闊二十四步。問：爲田幾何？

答曰：四畝九分。

術曰：列長四十九步，以闊二十四步乘之，得一千一百七十六步，爲田積也。以畝法二百四十步除之。合問。

3. 今有勾股田一段，勾三十六步，即闊。股六十二步，即長。問：爲田幾何？

---

①此門收錄計算各種形狀田地面積的算題，相當於《九章算術》方田章。銅活字本與諺解本每問皆配幾何圖，十六問計十六圖。金刻本、金鈔本、羅刻本第 1、2、6、7、8、9、12 等七問無圖，其餘九圖圖中文字與銅活字本、諺解本亦不盡相同。今諸圖皆據銅活字本重繪。

答曰：四畝六分五釐。

術曰：列股六十二步，以勾三十六步乘之，折半得一千一百一十六步，爲田積也。以畝法而一。合問。

4. 今有梯田一段，東闊四十六步，西闊八十六步，長一百二十五步。問：爲田幾何？

答曰：三十四畝三分七釐半。

術曰：列東闊併入西闊，半之得六十六步，爲停闊①。以長步乘之，得八千二百五十，爲田積步。以畝法而一。合問。

5. 今有圭田一段②，長九十三步，闊三十四步，問：爲田幾何？

答曰：六畝五分八釐七毫半。

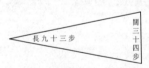

術曰：列長九十三步，以闊三十四步乘之，折半得一千五百八十一，爲田積步。以畝法而一。合問。

6. 今有圓田一段，周八十四步，徑二十八步。問：爲田幾何？

答曰：二畝四分五釐。

---

①停，等。停闊，即梯田兩闊正中間的闊，距離兩闊相等，又叫中闊。
②圭田，形狀爲等腰三角形的田地。

術曰：列周八十四步，以徑二十八步乘之，得二千三百五十二。以四而一，得五百八十八，爲田積步。以畝法而一。合問①。

7. 今有圓田一段，不記周步，只云徑一十六步。問：爲田幾何？

答曰：八分。

術曰：列徑一十六步，自乘得二百五十六。三之四而一，得一百九十二，爲田積步。以畝法除之。合問②。

8. 今有圓田一段，不記徑步，只云周五十四步。問：爲田幾何？

答曰：一畝一釐二毫半。

術曰：列周五十四步，自乘得二千九百一十六。以十二而一，得二百四十三步，爲田積也。以畝法而一。合問③。

9. 今有畹田一段，下周六十四步，徑三十三步。問：爲田幾何？

答曰：二畝二分。

---

①術文求圓田面積的方法爲：

$$S = \frac{C \times d}{4} = \frac{84 \times 28}{4} = 588$$

②術文求圓田面積的方法爲：

$$S = \frac{3}{4}d^2 = \frac{3}{4} \times 16^2 = 192$$

③術文求圓田面積的方法爲：

$$S = \frac{C^2}{12} = \frac{54^2}{12} = 243$$

術曰：列周六十四步，以徑三十三步乘之，得二千一百一十二。以四而一，得五百二十八，爲田積步。以畝法二百四十步除之。^{琬田、窊田，同圓田法一也}①。合問。

10. 今有弧田一段②，矢闊一十四步，弦長二十八步。問：爲田幾何？

答曰：一畝二分二釐半。

術曰：列弦長二十八步，加入矢闊一十四步，共得四十二步。以矢闊一十四步乘之，折半得二百九十四步，爲田積也。以畝法二百四十步約之。合問。

11. 今有錢田一段③，外周一百八步，內池方九步。問：爲田幾何？

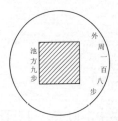

答曰：三畝七分一釐二毫半。

術曰：列外周，自乘得一萬一千六百六十四，以十二除之，得九百七十二步，寄位。又列池方九步，自乘得八十一，以減寄位。餘八百九十一，爲田積步。以畝法二百四十步約之。合問。

---

①琬，金刻本、金鈔本、羅刻本作"晥"，《九章算術》方田章作"宛"，李籍注："宛田者，中央隆高。"宛田，即類似於球冠的凸曲面形。《夏侯陽算經》有丸田，注云："形如覆半彈丸。"與琬田形狀相同。窊，低凹，窊田與琬田形狀相反，是凹曲面田。琬田與窊田，又見於《四元玉鑒》卷上"混積問元"。二者求積公式，與圓田相同。

②弧，銅活字本誤作"孤"，據各本改。弧田，又叫"弧矢田"，即弓形田。設弦長爲 c、矢闊爲 v，其求積公式爲：

$$S = \frac{(c+v) \times v}{2}$$

該公式出自《九章算術》方田章，爲近似公式。

③錢田，即銅錢形狀的田地，外圓內方。用圓田面積減去中間方池面積，即錢田面積。

12. 今有方田一段①，自方八十四步，內有圓池，周一百四十四步。問：爲田幾何？

答曰：二十二畝二分。

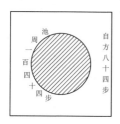

術曰：列八十四步，自乘得七千五十六步，寄位。又列池周步，自乘得二萬七百三十六，以十二而一，得一千七百二十八步，爲池積。以減寄位，餘五千三百二十八，爲田積步。以畝法除之。合問。

13. 今有三斜田一段②，大斜七十五步，中斜六十步，小斜四十五步，中股長三十六步。問：爲田幾何？

答曰：五畝六分二釐半。

術曰：列大斜七十五步，以中股長三十六步乘之，得二千七百步。折半得一千三百五十，爲田積步。以畝法而一。合問。

14. 今有梭田一段③，中闊三十四步，長一百八十六步。問：爲田幾何？

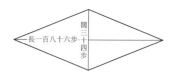

答曰：一十三畝一分七釐半。

①這種類型的田地，後世叫作"火塘田"（《九章詳注比類算法大全》）或"火爐田"（《算法統宗》），外方內圓。用方田面積減去中間圓池面積，即田積。

②三斜田，即斜三角形田。

③梭田，即菱形田。設梭田中闊爲 a，長爲 b，梭田積爲：

$$S = \frac{ab}{2}$$

術曰：列中閣，折半得一十七步。以長一百八十六步乘之，得三千一百六十二，爲田積步。以畝法而一。合問。

15. 今有方五斜七八角田一段①，只云每面閣二十八步。問：爲田幾何？

答曰：一十六畝。

術曰：副置閣二十八步，上位六之爲長，下位倍之爲廣。乃長廣相乘，得九千四百八步。乃是二箇四分半積。以二箇四分半除之，得三千八百四十，爲田積步。以畝法二百四十步除之。合問②。

---

①方五斜七，指正方形邊長與斜長的近似比率爲 5：7。《孫子算經》卷上："見邪求方，五之，七而一；見方求邪，七之，五而一。"《算法統宗》卷三"方五斜七圖"自注云："方五斜七者，此乃言其大略矣。内方五尺，外方七尺有奇。"八角田，即正八邊形田地。

②設正八邊形邊長爲 a，術文給出的正八邊形求積公式爲：

$$S = \frac{6a \times 2a}{2.45}$$

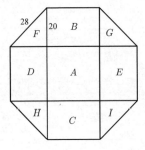 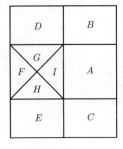

圖 2-1

如圖 2-1，正八邊形通過截割，可以拼補成一個長方形。按照"方五斜七"的比率，長方形寬爲 $2a$，長爲 $\frac{17}{7}a$，則八邊形面積爲：

$$S = \frac{34}{7}a^2$$

本題術文並未按照"方五斜七"的比率來計算，而採用方 $5\frac{1}{7}$ 斜 7 入算，由此得出長方形的長爲：

$$\left(2 \times 5\frac{1}{7} + 7\right) \times \frac{a}{7} = \frac{120}{49}a = \frac{6}{2.45}a$$

與寬 $2a$ 相乘，即上述八邊形求積公式。

16. 今有環田一段，外周一百四十四步，內周五十四步，實徑一十五步。問：爲古、徽、密率田各幾何？

答曰：古法六畝一分八釐七毫半；

徽術五畝九分二步一百五十七分步之一百二十四；

密率五畝九分一步二十二分步之十一。

古法曰：併內外周，折半得九十九步。以實徑一十五步乘之，得一千四百八十五，爲田積步。以畝法除之。合問①。

徽術曰：內外周相減，餘半之，得四十五步。又五十乘之，以一百五十七而一，得一十四步一百五十七分步之五十二，爲徽徑也。通分內子，得二千二百五十於上位。併內外周而半之，得九十九，以乘上位，得二十二萬二千七百五十。以分母一百五十七而一，得一千四百一十八步一百五十七分步之一百二十四，爲田積也。以畝法除之。合問②。

---

①古法，即圓周率取 3。設環田外周爲 C_1，內周爲 C_2，實徑即環田徑爲 d，術文可表示爲：

$$S = \frac{C_1 + C_2}{2} \cdot d = \frac{144 + 54}{2} \times 15 = 1485 \text{ 平方步}$$

化作畝，得：

$$\frac{1485}{240} = 6.1875 \text{ 畝}$$

②徽術圓周率爲 $\frac{157}{50}$，根據術文，先求環田徑：

$$d = \frac{C_1 - C_2}{2} \times \frac{50}{157} = \frac{144 - 54}{2} \times \frac{50}{157} = 14\frac{52}{157} \text{ 步}$$

根據環田求積公式得：

$$S = \frac{C_1 + C_2}{2} \cdot d = \frac{144 + 54}{2} \times 14\frac{52}{157} = 1418\frac{124}{157} \text{ 平方步}$$

化作畝，得：

$$\frac{1418\frac{124}{157}}{240} = \frac{1416}{240} \text{ 畝} + 2\frac{124}{157} \text{ 步} = 5.9 \text{ 畝} 2\frac{124}{157} \text{ 步}$$

密率曰：内外周相减，餘半之，得四十五步。七之，得三百一十五，以二十二而一，得一十四步二十二分步之七，爲密徑也。通分内子，得三百一十五於上位。亦併内外周而半之，得九十九，以乘上位，得三萬一千一百八十五。以二十二而一，得一千四百一十七步二十二分步之一十一，爲田積也。以畝法除之。合問①。

倉囤積粟門②九問

1. 今有倉一所，長三丈八尺，闊一丈二尺五寸，深一丈六尺四寸。問：粟幾何？

答曰：三千一百一十六斛。

術曰：列長三丈八尺，以闊乘之，得四百七十五。又以深乘之，得七千七百九十，爲積尺也。以斛法二尺五寸約之③。此依唐時斛法，以今斛考之有異。緣各朝代尺法不同，不可爲定法也。合問④。

---

①密率圓周率爲 $\dfrac{22}{7}$ ，先求環田徑：

$$d = \frac{C_1 - C_2}{2} \times \frac{7}{22} = \frac{144 - 54}{2} \times \frac{7}{22} = 14\frac{7}{22} \text{步}$$

進而求得環田積爲：

$$S = \frac{C_1 + C_2}{2} \cdot d = \frac{144 + 54}{2} \times 14\frac{7}{22} = 1417\frac{11}{22} \text{平方步}$$

化作畝，得：

$$\frac{1418\frac{11}{22}}{240} = \frac{1416}{240}\text{畝} + 1\frac{11}{22}\text{步}$$

$$= 5.9\text{畝}1\frac{11}{22}\text{步}$$

②囤，音 dùn，《玉篇·口部》："囤，小廩也。"用竹席編成用於貯藏糧食的小型糧倉。此門收錄求各種形狀糧倉容積的算題。

③斛法二尺五寸，指一斛糧食所占的體積爲二尺五寸，即底面邊長爲一尺、高爲二尺五寸的立方體。

④長倉，即長方體，設底面長、寬分別爲 a、b，高爲 h，求積公式爲：

$$V = abc = 38 \times 12.5 \times 16.4 = 7790 \text{立方尺}$$

化成斛數，得：

$$\frac{7790}{2.5} = 3116 \text{斛}$$

2. 今有平地聚粟①，下周三丈六尺，高八尺六寸。問：粟幾何？

答曰：一百二十三斛八斗四升。

術曰：列下周，自乘得一千二百九十六。又以高乘之②，得一萬一千一百四十五尺六寸。以三十六除之，得三百九尺六寸，爲積也。以斛法約之。合問。

3. 今有倉一所，自方二丈四尺，深一丈③。問：粟幾何？

答曰：二千三百四斛。

術曰：列方尺，自乘得五百七十六尺。又以深乘之，得五千七百六十尺，爲積也。以斛法約之。合問。

4. 今有倚壁聚粟④，下周一丈八尺，高八尺四寸。問：粟幾何？

答曰：六十斛四斗八升。

術曰：列下周，自乘得三百二十四尺。又以高乘之，得二千七百二十一尺六寸。以十八而一，得一百五十一尺二寸，爲積也。以斛法約之。合問。

5. 今有內角聚粟⑤，下周九尺六寸，高六尺二寸。問：粟幾何？

答曰：二十五斛三斗九升五合二勺。

術曰：列下周，自乘得九十二尺一寸六分。又以高乘之，得五百七十一尺三寸九分二釐。以九而一，得六十三尺四寸八分八釐，爲積也。以斛法約之。合問。

---

①平地聚粟，形狀如同圓錐體，後世算書中又叫"平地尖堆"。設尖堆下周長爲 C，高爲 h，求積公式爲：

$$V = \frac{C^2 h}{36}$$

②又，金刻本、金鈔本、羅刻本作"尺"，從上讀。按：據前後題術文體例，作"又"是。

③此即方倉，底面爲正方形的柱體。設底面邊長爲 a，高爲 h，方倉體積爲：

$$V = a^2 h$$

④倚壁聚粟，又叫倚壁半堆，體積爲圓錐一半。設下周長爲 C，高爲 h，求積公式爲：

$$V = \frac{C^2 h}{18}$$

⑤內角聚粟，又叫倚壁內角堆，體積爲圓錐四分之一。設內角堆下周長爲 C，高爲 h，求積公式爲：

$$V = \frac{C^2 h}{9}$$

6. 今有圓囷一所①，周一丈九尺，高八尺七寸。問：粟幾何？

答曰：一百四斛六斗九升。

術曰：列周，自乘得三百六十一尺。又以高乘之，得三千一百四十尺七寸。以圓法十二而一，得二百六十一尺七寸二分半，爲積也。以斛法約之。合問。

7. 今有方倉一所，上方四尺，下方六尺，高一丈二尺②。問：粟幾何？

答曰：一百二十一碩六斗。

術曰：上方自乘，下方亦自乘，又上下方相乘，三位併之，得七十六尺。以高乘之，得九百一十二尺。三而一，得三百四尺，爲積也。以斛法約之。合問。

8. 今有圓囷一所，上周三丈六尺，下周七丈二尺，高二丈③。問：粟幾何？

答曰：二千一十六斛。

術曰：上周自乘，下周亦自乘，又上下周相乘，三位併之，得九千七十二尺。以高乘之，得一十八萬一千四百四十。以三十六而一，得五千四十尺。以斛法約之。合問。

9. 今有粟一百四碩六斗九升，欲作圓囷貯之，滿中而粟適盡④，令高八尺七寸。問：周幾何？

答曰：一丈九尺。

術曰：列米，以斛法二尺五寸乘之，又以十二乘之，得三千一百四十尺七寸。以高八尺七寸除之，得二百六十一·爲實。以一爲廉法，平方開之，得

---

①圓囷，形如圓柱體。設底面周長爲 C，高爲 h，求積公式爲：

$$V = \frac{C^2 h}{12}$$

②此方倉形如方臺，上下底面皆爲正方形。設上方爲 a，下方爲 b，高爲 h，求積公式爲：

$$V = \frac{(a^2 + b^2 + ab) h}{3}$$

③此圓囷形如圓臺，上下底面皆爲圓形。設上周爲 C_1，下周爲 C_2，高爲 h，求積公式爲：

$$V = \frac{(C_1^2 + C_2^2 + C_1 C_2) h}{36}$$

④滿中，裝滿圓囷的一半。

周。合問①。

雙據互換門②六問

1. 今有織匠二十四人，一百九十二日織錦一千一百五十二匹，欲令六十二人織三百六十日。問：織錦幾何？

答曰：五千五百八十匹。

術曰：列三百六十日，以六十二人乘之，又以織錦匹數乘之，得二千五百七十一萬二千六百四十爲實。列一百九十二日，以二十四人乘之，得四千六百八爲法。實如法而一。合問③。

2. 今有織匠一十二人，九十六日織錦五百七十六匹，欲令三十一人織二千七百九十四。問：幾日畢？

答曰：一百八十日。

術曰：列二千七百九十四匹，以九十六日乘之，又以十二人乘之，得三百二十一萬四千八十爲實。列五百七十六匹④，以三十一人乘之，得一萬七千八百五十六爲法。實如法而一。合問⑤。

3. 今有織匠一十二人，九十六日織錦五百七十六匹，今一百八十日織二千七百九十四。問：織匠幾何？

答曰：三十一人。

術曰：列二千七百九十四匹，以九十六日乘之，又以十二人乘之，得三百

---

①此圓囷爲圓柱體，用圓柱求積公式逆求：

$$C = \sqrt{\frac{12V}{h}} = \sqrt{\frac{12 \times (104.69 \times 2.5)}{8.7}} = \sqrt{\frac{3140.7}{8.7}} = \sqrt{361} = 19 \text{尺}$$

②此門收錄的是複比例的算題。

③根據術文，解法如下所示：

$$\frac{360 \text{日} \times 62 \text{人} \times 1152 \text{匹}}{192 \text{日} \times 24 \text{人}} = \frac{25712640}{4608} = 5580 \text{匹}$$

④列，金刻本、金鈔本、羅刻本脱。

⑤根據術文，解法如下所示：

$$\frac{2790 \text{匹} \times 96 \text{日} \times 12 \text{人}}{576 \text{匹} \times 31 \text{人}} = \frac{3214080}{17856} = 180 \text{日}$$

二十一萬四千八十爲實。列一百八十日①，以五百七十六匹乘之，得一十萬三千六百八十爲法。實如法而一。合問②。

4. 今有鹽丁九人，七日煎鹽五十五引五十斤，今增一百八十五人煎四十八日。問：得鹽幾何？

答曰：八千一百四十八引。

術曰：列一百八十五人，搭入九人，得一百九十四人。以四十八日乘之，又以五十五引一分二釐半乘之，引下分者，乃四百斤約之③。得五十一萬三千三百二十四爲實。列九人，以七日乘之，得六十三爲法。實如法而一。合問④。

5. 今有船載物，裝重五百斤，行路八十里，脚錢一百五十文。今載八萬六千斤，欲行三千四百里。問：與脚錢幾何？

答曰：一千九十六貫五百文。

術曰：列八萬六千斤，以三千四百里乘之，又以一百五十文乘之，得四百三十八億六千萬爲實。又列五百斤，以八十里乘之，得四萬爲法。實如法而一。合問⑤。雙據互換之法，學者少識。所乘所除之理，前問織錦三術，返復還源備矣。此問與煎鹽義同，而今有之。及顧車行道⑥，相類也。故引草證，使習算者無疑矣。

6. 今有黍一碩五斗，變米八斗四升，每米四斗五升造酒七斗八升，今欲造酒二十五碩七斗七十五分斗之一十七。問：用黍幾何？

答曰：二十六碩五斗。

術曰：列二十五碩七斗，通分内子一十七，得一萬九千二百九十二。以一碩五斗乘之，又以四斗五升乘之，得一百三十萬二千二百一十爲實。列米

---

①列，金刻本、金鈔本、羅刻本脱。

②根據術文，解法如下所示：

$$\frac{2790 \text{ 匹} \times 96 \text{ 日} \times 12 \text{ 人}}{180 \text{ 日} \times 576 \text{ 匹}} = \frac{3214080}{103680} = 31 \text{ 人}$$

③此題中，1 引 = 400 斤，故 50 斤 = 0.125 引。

④根據術文，解法如下所示：

$$\frac{(185 \text{ 人} + 9 \text{ 人}) \times 48 \text{ 日} \times 55.125 \text{ 引}}{9 \text{ 人} \times 7 \text{ 日}} = \frac{513324}{63} = 8148 \text{ 引}$$

⑤根據術文，解法如下所示：

$$\frac{86000 \text{ 斤} \times 3400 \text{ 里} \times 150 \text{ 文}}{500 \text{ 斤} \times 80 \text{ 里}} = \frac{43860000000}{40000} = 1096 \text{ 貫} 500 \text{ 文}$$

⑥顧，金刻本、金鈔本、羅刻本作"雇"。按："顧"通"僱"，僱賃。

八斗四升，以酒七斗八升乘之，又以分母七十五乘之，得四千九百一十四爲法。實如法而一。合問①。

求差分和門_{九問}

1. 今有雞兔一百，共足二百七十二隻，只云雞足二，兔足四。問：雞兔各幾何？

答曰：雞六十四隻②；　　　　兔三十六箇。

術曰：列一百，以兔足乘之，得數，內減共足，餘一百二十八爲實。列雞兔足，以少減多，餘二爲法而一，得雞。反減一百，即兔。合問。

又術曰：倍一百，以減共足，餘半之，即兔也③。

2. 今有錢二十九貫六百八十七文五分，共買蜜蠟一百四十六斤六兩。只云蠟斤價三百八十文，蜜斤價六十八文。問：各幾何？

答曰：蜜八十三斤二兩；　　　蠟六十三斤四兩。

術曰：列蜜蠟共數，斤下留兩，以蠟斤價乘之，得五十五貫六百二十二文五分。內減今有錢，餘二十五貫九百三十五文爲實。列蜜蠟斤價，相減，

---

①根據術文，解法如下所示：

$$\frac{257\frac{17}{75}\text{斗} \times 15\text{斗} \times 4.5\text{斗}}{8.4\text{斗} \times 7.8\text{斗}} = \frac{(257 \times 75 + 17) \times 15 \times 4.5}{8.4 \times 7.8 \times 75} = \frac{1302210}{4914} = 265\text{斗}$$

②隻，銅活字本誤作“雙”，據各本改。

③這類問題屬於貴賤差分算題，其基本題型爲：花錢買貴賤兩物，已知共用錢爲 M，共買物爲 N，賤物單價爲 a，貴物單價爲 b，問賤物 x、貴物 y 分別爲多少？如果先求賤物，求解公式爲：

$$x = \frac{Nb - M}{b - a}, \ y = N - x$$

如果先求貴物，公式爲：

$$y = \frac{M - Na}{b - a}, \ x = N - y$$

此題中，雞兔共數相當於共物，共足相當於共價。術文給出兩種方法，第一種先求雞數，用賤物公式：

$$\frac{100 \times 4 - 272}{4 - 2} = 64 \text{ 隻}$$

第二種先求兔數，用貴物公式：

$$\frac{272 - 100 \times 2}{4 - 2} = 36 \text{ 箇}$$

餘三百一十二文爲法。實如法而一，得蜜，斤下分者，身外加六爲兩。反減共數，餘即蠟也。合問①。

3. 今有粟米一十七碩三升，直錢一十九貫四百三文。只云粟斗價七十五文，米斗價一百六十四文。問：各幾何？

答曰：米七碩四斗五升；　　　粟九碩五斗八升。

術曰：列粟米共數，以粟斗價乘之，得一十二貫七百七十二文五分。以減直錢，餘六貫六百三十文五分爲實。列粟米斗價，相減，餘八十九文爲法。實如法而一，得米。反減共數，餘即粟也。合問②。

4. 今有金瓶一十二隻，銀瓶一十五隻，秤之，重適等；交換一隻而秤之③，金輕五兩七錢半。問：二色各一重幾何④？

---

①術文先求賤物蜜：

$$\frac{146.375 \times 380 - 29687.5}{380 - 68} = \frac{25935}{312} = 83 \text{斤} 2 \text{兩}$$

用蜜蠟共數減去蜜數，得蠟數。

②術文先求貴物米：

$$\frac{19403 - 170.3 \times 75}{164 - 75} = \frac{6630.5}{89} = 74.5 \text{斗}$$

用米粟共數減去米數，得粟數。

③交換，諺解本改作"交添"，羅士琳《識誤》云："案：'交換'應作'各減'。"設金瓶每隻重 x，銀瓶每隻重 y，"交換一隻而秤之，金輕五兩七錢半"，即：

$$(12x - x) + y + 5.75 = (15y - y) + x$$

整理得：

$$10x + 5.75 = 13y$$

又 $12x = 15y$，解得：

$$x - y = 2.875 \text{兩}$$

爲金瓶每重與銀瓶每重之差，與術文、答文俱不相符。若改"交換"爲"各減"，則：

$$(12x - x) + 5.75 = 15y - y$$

整理得：

$$11x + 5.75 = 14y$$

解得：

$$x - y = 5.75 \text{兩}$$

與術文、答文相符。諺解本作"交添"，即一十二隻金瓶添一隻銀瓶，一十五隻銀瓶添一隻金瓶，列式如下：

$$12x + y + 5.75 = 15y + x$$

整理得：

$$11x + 5.75 = 14y$$

與"各減"所得結果同。

④金刻本小字注云："'五兩七錢半'當作'十一兩五錢'。"據此所求結果與術文、答文相符。

答曰：金瓶一隻重二十八兩七錢半；

　　　　銀瓶一隻重二十三兩。

術曰：副置五兩七錢半，上位十五乘之，下位十二乘之，各自爲實。列金銀瓶，以少減多，餘三隻爲法。各實如法而一。上爲金瓶重，下爲銀瓶重①。合問②。

5. 今有羅七尺，綾九尺，其價適等，只云綾尺價不及羅尺價三十六文。問：二色尺價各幾何？

答曰：羅尺價一百六十二文；　　　綾尺價一百二十六文。

術曰：置綾九尺，以三十六文乘之，得三百二十四文爲實。列綾羅尺數，相減，餘二尺爲法。實如法而一，得羅尺價。内減不及，餘即綾尺價也。合問③。

6. 今有良馬日行二百四十里，駑馬日行一百五十里，駑馬先行一十二日。問：良馬幾何日追及之？

答曰：二十日。

術曰：列一十二日，以一百五十里乘之，得一千八百里爲實。列良駑馬日行里數，相減，餘九十里爲法。實如法而一。合問④。

7. 今有金銀一百鋌，直錢一千七百二貫七百五十文。只云金一鋌之價買銀七鋌，二色兩價差七百五十文。問：金銀及兩價各幾何？鋌率各五十兩。

答曰：金二十八鋌三十七兩。每兩價錢八百七十五文。

　　　　銀七十一鋌一十三兩。每兩價錢一百二十五文。

---

①根據術文，求得金瓶重：

$$\frac{15 \times 5.75}{15 - 12} = 28.75 \ 兩$$

　銀瓶重：

$$\frac{12 \times 5.75}{15 - 12} = 23 \ 兩$$

②金刻本小字注云："金輕數折半得每隻差，爲副置數也。"
③根據術文，求得羅每尺價爲：

$$\frac{9 \times 36}{9 - 7} = 162 \ 文$$

　内減 36 文，得綾每尺價。
④根據術文，求得追及日數爲：

$$\frac{12 \times 150}{240 - 150} = 20 \ 日$$

術曰：列銀七鋌，以鋌率通之，得三百五十兩。以差七百五十乘之，得二十六萬二千五百爲實。以三百兩爲法，實如法而一，得金兩價也。爲法之數，乃銀三百五十兩內減金五十兩餘數也①。內減差，即銀兩價。又列一百鋌，通兩，以金兩價乘之，得數，內減直錢，餘二千六百七十二貫二百五十文爲差實。以差七百五十文爲法除之，得銀兩數。反減五千兩，餘即金兩數也。各以鋌率約之。合問②。

8. 今有油一秤二斤三兩半，欲點醮燈③。只云四盞用油三兩，三甌用油五兩，須令盞數倍之甌數。問：甌盞及油各幾何？

答曰：甌八十七隻；油九斤一兩。

　　　　盞一百七十四隻。油八斤二兩半。

術曰：依圖布算。左行互乘右行，右上倍之得一十八④，右下得二十⑤，併之，得三十八爲法。左行相乘，得十二爲乘法。列共油，通兩內子，得二百七十五兩半，以十二乘之，得三千三百六爲實。實如法而一，得甌數，倍之爲盞數也。求油者，以異乘同除求之。合問⑥。

9. 今有竹七節，下二節容米三升，上三節容米二升。問：中二節及逐節各容幾何？

答曰：下初一升二十七分升之十六；　　次一升二十七分升之十一；

---

①金五十兩，金刻本、金鈔本、羅刻本 "兩" 誤作 "而"。
②根據術文，求得金每兩價爲：

$$\frac{350 \times 750}{350 - 50} = 875 \text{文}$$

減去 750 文，即銀每兩價。又用貴賤差分法，先求得賤物銀爲：

$$\frac{5000 \times 875 - 1702750}{750} = 3563 \text{兩} = 71 \text{鋌} 13 \text{兩}$$

用金銀共數 100 鋌減去，得貴物金數。
③醮，音 jiào，祭祀。
④右上，金刻本、金鈔本、羅刻本誤作 "左上"。
⑤右下，銅活字本、金刻本、金鈔本、羅刻本俱誤作 "左下"，據諺解本改。
⑥根據術文，求得甌數爲：

$$\frac{4 \times 3 \times 275.5}{3 \times 3 \times 2 + 4 \times 5} = \frac{3306}{38} = 87 \text{隻}$$

加倍得盞數。

次一升二十七分升之六；　　　　次一升二十七分升之一；

次二十七分升之二十三；　　　　次二十七分升之十八；

次二十七分升之十三。

$$\parallel \underset{節}{二} \enspace \parallel\parallel \underset{升}{三}$$

術曰：依圖布算 $\parallel\parallel \underset{節}{三} \enspace \parallel \underset{升}{二}$。左行互乘右行，得數，以少減多，餘五爲差
實。乃逐節差數也。分母相乘，得六爲乘法。又併三節二節，半之得二節半，以
減七節，餘四節半。以分母六乘之，得二十七爲法。乃一升之分母。實如法而
一，得一升，即衰相去也。列二十七，以三升乘之，得八十一，加差五，得
八十六。半之得一升二十七分升之十六，乃是下初節所容之數。遞減逐節差，
即得。合問①。

差分均配門②十問

1. 今有甲乙丙共分息錢四十五貫三十六文，甲元錢五十八貫，乙元錢四
十五貫，丙元錢三十六貫。問：各分息錢幾何？

答曰：甲一十八貫七百九十二文；　　　乙一十四貫五百八十文；

丙一十一貫六百六十四文。

術曰：列甲元錢五十八貫，以息錢四十五貫三十六文乘之，得二千六百
一十二貫八十八文。又列乙元錢四十五貫，以四十五貫三十六文乘之，得二
千二十六貫六百二十文。又列丙元錢三十六貫，亦以四十五貫三十六文乘之，
得一千六百二十一貫二百九十六文，各爲列實。併各人元錢，共得一百三十

---

①此題中，竹七節自上而下，各節容米構成等差數列。根據術文，先求節差，即等差數列的公差：

$$\frac{(3\,節 \times 3\,升) - (2\,節 \times 2\,升)}{(7\,節 - \dfrac{2\,節 + 3\,節}{2}) \times (2\,節 \times 3\,節)} = \frac{5}{27}$$

然後求下初節容米。已知下兩節容米3升，下初節與下次節相差 $\dfrac{5}{27}$ 升，則下初節容米爲：

$$\frac{1}{2} \times (3 + \frac{5}{27}) = \frac{43}{27} = 1\frac{16}{27}\,升$$

遞加節差，可依次求得各節容米。

②此門收録的算題屬於比例分配問題。

九貫爲法。實如法而一，各得分錢之數。合問①。

2. 今有甲乙丙出絲織羅五十四匹二丈四尺，甲絲九斤八兩，乙絲八斤一十兩，丙絲七斤六兩。問：各分羅幾何？匹法二十六尺。

答曰：甲二十匹一丈二尺； 乙一十八匹一丈五尺；

丙一十五匹二丈三尺。

術曰：置羅全匹，通尺內子，得一千四百二十八尺②。各以元絲通兩內子乘之，甲得二十一萬七千五十六，乙得一十九萬七千六十四，丙得一十六萬八千五百四，各爲列實。併各人絲，得四百八兩爲法。各實如法而一，即得。各以匹法約之。合問。

3. 今有甲乙丙共分米三十三碩八升，須令甲四乙三丙一分之。問：各幾何？

答曰：甲一十六碩五斛四升； 乙一十二碩四斛五合；

丙四碩一斛三升五合。

術曰：各以分率乘共米，甲得一千三百二十三分二釐，乙得九百九十二分四釐，丙得三百三十分八釐，各爲列實。併各人分率，得八爲法。各實如法而一，得。合問③。

4. 今有甲乙丙共分錢七十一貫九百文，只云乙如甲五分之三，却多如丙錢一貫八百④。問：各得幾何？

答曰：甲三十三貫五百文； 乙二十貫一百文；

丙一十八貫三百文。

術曰：列共分錢，內虛加一貫八百，得七十三貫七百爲實。併各人分率，得一十一爲法而一，得六貫七百，爲一分之率。副置，上位五之，得甲錢；

———————————

①根據術文，求得甲分息錢爲：

$$\frac{45.036 \times 58}{58 + 45 + 36} = \frac{2612.088}{139} = 18.792 \text{ 貫} = 18 \text{ 貫} 792 \text{ 文}$$

求乙、丙倣此。

②尺，羅刻本誤作"丈"。

③根據術文，求得甲分米數爲：

$$\frac{330.8 \times 4}{4 + 3 + 1} = 165.4 \text{ 斛} = 16 \text{ 碩} 5 \text{ 斛} 4 \text{ 升}$$

求乙、丙倣此。

④金刻本、金鈔本、羅刻本"八百"下有"文"字。

下位三之，得乙錢。乙錢內減一貫八百，餘即丙錢。合問①。

5. 今有甲乙丙相合查鹽，甲三千六百五十引，乙二千一百五十引，丙一千九百五十引。今鹽不敷，止查得四千六百五十引。問：各人分鹽幾何？

答曰：甲二千一百九十引；　　　　乙一千二百九十引；
　　　丙一千一百七十引。

術曰：各列元引，以止查鹽數乘之，甲得一千六百九十七萬二千五百，乙得九百九十九萬七千五百，丙得九百六萬七千五百，各爲列實。併各人元引，得七千七百五十爲法。各實如法而一。合問②。

6. 今有銀一秤一斤十兩，令甲乙丙從上作折半差分之。問：各得幾何？

答曰：甲一百五十二兩；　　　　乙七十六兩；
　　　丙三十八兩。

術曰：置銀，通兩內子，得二百六十六兩爲實③。併各人分數，得七爲法。實如法而一，得丙銀。倍之爲乙銀，又倍即甲銀。合問④。

7. 今有甲乙丙丁分絲五百四十四斤，從上作四六差分之。問：各得幾何？

答曰：甲二百五十斤；　　　　乙一百五十斤；
　　　丙九十斤；　　　　　　丁五十四斤。

術曰：置甲率一千，以六因之，得六百爲乙率。又六因，得三百六十爲丙率。又六因，得二百一十六爲丁率。四位共併，得二千一百七十六爲法。

---

①根據術文，求得甲分錢數爲：

$$\frac{(71900 + 1800) \times 5}{3 + 3 + 5} = 33500 \text{ 文} = 33 \text{ 貫 } 500 \text{ 文}$$

乙分錢數爲：

$$\frac{(71900 + 1800) \times 3}{3 + 3 + 5} = 20100 \text{ 文} = 20 \text{ 貫 } 100 \text{ 文}$$

丙分錢數爲：

$$20100 - 1800 = 18300 \text{ 文} = 18 \text{ 貫 } 300 \text{ 文}$$

②此題類型與本門第一、二題類型相同，解法亦同。

③1 秤 = 15 斤 = 240 兩，則 1 秤 1 斤 10 兩 = 266 兩。

④折半差分，相鄰兩數的比例爲 2：1。設甲率爲 4，乙率爲 2，丙率爲 1。根據術文，求得丙分銀數爲：

$$\frac{266 \times 1}{4 + 2 + 1} = 38 \text{ 兩}$$

丙加倍得乙，乙加倍得甲。

列共絲，通兩，以一千乘之，得八百七十萬四千爲實。實如法而一，得四千兩，爲甲絲。六之，得乙絲二千四百兩；又六之，得丙絲一千四百四十兩；又六之，得丁絲八百六十四兩。各斤率約之。合問①。

8. 今官降細絲四千八百六十斤②，欲織西錦③，令甲乙丙丁戊己六局從上作二八差分之，其錦每匹用絲二斤四兩。問：分絲織錦各幾何？匹法三十二尺。

答曰：甲絲一千三百一十七斤四百二十七分斤之一百四十一，

　　　錦五百八十五匹一丈五尺四百二十七分尺之一百五十五；

　　　乙絲一千五十三斤四百二十七分斤之三百六十九，

　　　錦四百六十八匹一丈二尺四百二十七分尺之一百二十四；

　　　丙絲八百四十三斤四百二十七分斤之三十九，

　　　錦三百七十四匹二丈二尺四百二十七分尺之二百七十；

　　　丁絲六百七十四斤四百二十七分斤之二百二，

　　　錦二百九十九匹二丈四尺四百二十七分尺之二百一十六；

　　　戊絲五百三十九斤四百二十七分斤之二百四十七，

　　　錦二百三十九匹二丈六尺四百二十七分尺之二；

　　　己絲四百三十一斤四百二十七分斤之二百八十三，

　　　錦一百九十一匹二丈七尺四百二十七分尺之八十七。

術曰：置甲率一十萬，乙率八萬，丙率六萬四千，丁率五萬一千二百，戊率四萬九百六十，己率三萬二千七百六十八，爲差副，併得三十六萬八千九百二十八爲法。以絲四千八百六十斤乘未併者，甲得四億八千六百萬④，乙得二億八千八百八十萬，丙得三億一千一百四萬，丁得二億四千八百八十二萬二千，戊得一億九千九百六十萬五千六百，己得一億五千九百二十五萬二千四百八十，各爲列實。各實如法而一，不滿法者，各以八百六十四約之，各

___

①四六差分，相鄰兩數的比例爲4∶6。此題所謂的"四六差分"，實際爲六折差分，即相鄰兩數的比例爲10∶6。設甲率爲1000，乙率爲600，丙率爲360，丁率爲216。根據術文，求得甲分絲數爲：

$$\frac{544 \times 1000}{1000 + 600 + 360 + 216} = \frac{544000}{2176} = 250 \text{ 斤}$$

依次乘0.6，得乙、丙、丁分絲數。

②今官降細絲，諺解本"官"作"有"，金刻本、金鈔本、羅刻本作"今有官紬絲"。

③西錦，西方傳入的彩色絲織物。《元史·世祖本紀二》："特賜西錦一端以旌其義。"

④萬，銅活字本脫，據各本補。

得分絲之數也。求錦者，置二斤，通兩內子，得三十六兩，以分母四百二十七乘之，得一萬五千三百七十二爲法。各列絲，通分內子，得數，各以十六乘之，甲得九百萬，乙得七百二十萬，丙得五百七十六萬，丁得四百六十萬八千，戊得三百六十八萬六千四百，己得二百九十四萬九千一百二十，各自爲實。實如法而一，得匹；實不滿法，以匹法三十二乘之，如前法而一，得尺；不滿法者，各以三十六約之。合問①。

9. 今有某州所管九等税户，甲等三百六十四户，乙等三百九十六户，丙等四百三十二户，丁等五百七十户，戊等五百八十四户，己等六百七十六户，庚等八百五十户，辛等九百二十户，壬等一千六百八户。今科糧六萬五千六百六十四碩②，今作等數各差一碩六斗配之③。問：每户及逐等各幾何？

答曰：甲每户一十八碩五斗三升二合半；三百六十四户共六萬七千四百五十八斗三升。

乙每户一十六碩九斗三升二合半；三百九十六户共六萬七千五十二斗七升。

丙每户一十五碩三斗三升二合半；四百三十二户共六萬六千二百三十六斗四升。

丁每户一十三碩七斗三升二合半；五百七十户共七萬八千二百七十五斗二升半。

戊每户一十二碩一斗三升二合半；五百八十四户共七萬八百五十三斗八升。

己每户一十碩五斗三升二合半；六百七十六户共七萬一千一百九十九斗七升。

庚每户八碩九斗三升二合半；八百五十户共七萬五千九百二十六斗二升半。

辛每户七碩三斗三升二合半；九百二十户共六萬七千四百五十九斗。

壬每户五碩七斗三升二合半。一千六百八户共九萬二千一百七十八斗六升。

術曰：列甲等户三百六十四，八之得二千九百一十二；列乙等户三百九十六，七之得二千七百七十二；列丙等户四百三十二，六之得二千五百九十二；

①二八差分，相鄰兩數的比例爲2：8。此題所謂的"二八差分"，實際爲八折差分，即相鄰兩數的比例爲10：8。設甲率爲100000，乙率爲80000，丙率爲64000，丁率爲51200，戊率爲40960，己率爲32768，解法同四六差分。

②科，征税。

③今，各本皆如此。按：據文意，似當作"令"。

列丁等户五百七十，五之得二千八百五十；列戊等户五百八十四，四之得二千三百三十六；列己等户六百七十六，三之得二千二十八；列庚等户八百五十，倍之得一千七百；列辛等户九百二十，以一因之，得九百二十。共併八位，得一萬八千一百一十。以差一碩六斗乘之，得二十八萬九千七百六十，爲抛差。併共户，得六千四百，以率户糧一十碩二斗六升乘之，若是均科，每户得一十碩二斗六升也①。得六十五萬六千六百四十。內減抛差，餘三十六萬六千八百八十爲實。以共户六千四百爲法，實如法而一，得壬等每户之數。各加差一碩六斗，得逐等每户之糧數。求各等共糧者，以各户糧數乘其各等之户。合問②。

10. 今有某縣配粟一萬八百七十碩八升，於上中下三鄉從上作折半差配之。謂如上鄉六碩，中鄉三碩，下鄉一碩五斗。又上鄉三等，作九一折；中鄉三等，作二八折；下鄉三等，作三七折③。上鄉上等五十六户，中等七十四户，下等九十八户；中鄉上等八十二户，中等一百二十户，下等一百六十户；下鄉上等九十五户，中等一百七十二户，下等一百八十户。問：三鄉九等各粟幾何？

答曰：上鄉，二百二十八户共五千二百五十一碩四斗八升。

上等每户二十六碩；五十六户共一千四百五十六碩。

中等每户二十三碩四斗；七十四户共一千七百三十一碩六斗。

下等每户二十一碩六升。九十八户共二千六十三碩八斗八升。

中鄉，三百六十二户共三千六百四十五碩二斗。

---

①九等税户一共征糧 65664 碩，户數之和爲 6400 户，如果均等征税，每户征税爲：

$$\frac{65664}{6400} = 10 \text{ 碩 } 2 \text{ 斗 } 6 \text{ 升}$$

②根據題意，每等户糧數之差爲 16 斗，求得壬每户糧數爲：

$$\frac{656640 - (364 \times 8 + 396 \times 7 + 432 \times 6 + 570 \times 5 + 584 \times 4 + 676 \times 3 + 850 \times 2 + 920) \times 16}{6400}$$

$$= \frac{656640 - 289760}{6400}$$

$$= 57.325 \text{ 斗}$$

遞加差數 16 斗，依次得各等每户糧數。上述公式中：（364×8+396×7+432×6+570×5+584×4+676×3+850×2+920）×16 稱作"抛差"，即甲至辛八等税户比壬户多征收的糧數總和。從一共征糧 656640 斗內減去抛差，剩下的是九等税户全部按照壬户標準征收的糧數之和。除以九等户數 6400，即得壬每户糧數。

③這裏的九一折、二八折、三七折，與前文"四六折""二八折"相類，分別指相鄰兩數的比例爲：10：9；10：8；10：7。

上等每户一十三碩；<small>八十二户共一千六十六碩。</small>

中等每户一十碩四斗；<small>一百二十户共一千二百四十八碩。</small>

下等每户八碩三斗二升。<small>一百六十户共一千三百三十一碩二斗。</small>

下鄉，<small>四百四十七户共一千九百七十三碩四斗。</small>

上等每户六碩五斗；<small>九十五户共六百一十七碩五斗。</small>

中等每户四碩五斗五升；<small>一百七十二户共七百八十二碩六斗。</small>

下等每户三碩一斗八升半。<small>一百八十户共五百七十三碩三斗。</small>

術曰：列配粟，以一萬乘之，得一十億八千七百萬八千爲實。併九等户分數，得四百一十八萬八百爲法。實如法而一，得上鄉上等每户之數。折半，得中鄉上等每户之數；又折半，得下鄉上等每户之數。上鄉遞用九因，中鄉遞用八因，下鄉遞用七因，各得逐等每户之數也。

草曰：先列上鄉上等五十六户，以一萬乘之，得五十六萬；又列中等七十四户，以九千乘之，得六十六萬六千；又列下等九十八户，以八千一百乘之，得七十九萬三千八百。又列中鄉上等八十二户，以五千乘之，得四十一萬；又列中等一百二十户，以四千乘之，得四十八萬；又列下等一百六十户，以三千二百乘之，得五十一萬二千。又列下鄉上等九十五户，以二千五百乘之，得二十三萬七千五百；又列中等一百七十二户，以一千七百五十乘之，得三十萬一千；又列下等一百八十户，以一千二百二十五乘之，得二十二萬五百。九位共併，得四百一十八萬八百爲法。列配粟一萬八百七十碩八升，以一萬乘之，得一十億八千七百萬八千爲實。實如法而一，得二十六碩，乃上鄉上等每户之數。九因，得二十三碩四斗，乃中等每户之數；又九因，得二十一碩六升，乃下等每户之數。又列上鄉上等每户粟二十六碩，折半，得一十三碩，乃中鄉上等每户之數；八因，得一十碩四斗，乃中等每户之數；又八因，得八碩三斗二升，乃下等每户之數。又列中鄉上等每户粟一十三碩，折半，得六碩五斗，乃下鄉上等每户之數；七因，得四碩五斗五升，乃中等每户之數；又七因，得三碩一斗八升五合，乃下等每户之數。各以每户之率乘其各等之户，即得共粟。合問①。

商功修築門②十三問

1. 今有穿地積三百六十尺。問：爲堅、壤各幾何③？

答曰：堅二百七十尺；　　壤四百五十尺。

術曰：列三百六十尺，以築堅三尺因之，得一千八十尺；以穿地四尺除之，得二百七十尺爲堅也。又列三百六十尺，以壤五尺因之，得一千八百尺；亦以穿地四尺除之，得壤也。合問。

2. 今有城高四丈六尺，下廣三丈六尺，上廣一丈八尺，袤六十四里。問：積幾何？

答曰：一億四千三百七萬八千四百尺。

術曰：併上下廣而半之，得二十七尺，上下停也④。以高四丈六尺乘之，得一千二百四十二尺於上位。又列袤六十四里，以尺里法一千八百通之，得一十一萬五千二百尺，以乘上位，得城積尺也。合問⑤。

3. 今有牆下廣四尺，上廣三尺，高九尺，袤二里五十步。問：積幾何？

答曰：一十二萬一千二百七十五尺。

術曰：列下廣，併入上廣，折半，得三尺五寸。乃上下停闊也。以高九尺乘之，得三十一尺五寸，寄位。又列袤二里，以三百六十步通之，内子，得七

---

①根據題意，各鄉各等每户粟率分別是：上鄉上等10000，中等9000，下等8100；中鄉上等5000，中等4000，下等3200；下鄉上等2500，中等1750，下等1225。各等粟率乘各等户數，得數合併，得4180800。分別用總粟數10870碩8升乘每户粟率，除以4180800，即得各等每户粟數。

②商，計算。功，工程用工。商功，即計算工程中的用工量，包括土方、體積的計算問題。商功修築門，相當於《九章算術》商功章。

③穿，挖。堅，夯實的硬土。壤，鬆軟的泥土。《九章算術》商功章第一題術文云："穿地四，爲壤五，爲堅三，爲墟四。"即穿地四立方尺，得堅土三立方尺；穿地四立方尺，得壤土五立方尺。

④上下停，即後問中的"上下停闊"，也叫"中闊"。

⑤城，城墻。城墻截面爲等腰梯形，根據術文，求得城墻體積爲：

$$(\frac{上廣 + 下廣}{2}) \times 高 \times 袤 = (\frac{18 + 36}{2}) \times 46 \times 115200$$

$$= 143078400 \ 立方尺$$

百七十步，以五尺因之，得三千八百五十尺。以乘寄位，得牆積尺也。合問①。

4. 今有垣積六萬八千八百八十六尺，只云上廣二尺二寸，下廣三尺八寸，袤一里一百四十五步。問：高幾何？

答曰：八尺六寸。

術曰：置積爲實。列袤一里，以古法三百步通之，内子，得四百四十五步，又以步尺法六因之，得二千六百七十尺爲法。實如法而一，得二十五尺八寸。又併上下廣，折半，得三尺除之，即高。合問②。

5. 今要開河③，下廣一丈八尺七寸，上廣二丈六尺三寸，深一丈五尺，袤三十六里二百八十五步，春程人功五百九十八尺，除出土功七分之二④。問：用徒幾何⑤？

答曰：五萬二千五百五十一人五百九十八分人之四百七十七。

術曰：列程功五百九十八尺，五之，七而一，得定功四百二十七尺七分尺之一也。併上下廣而半之，得二丈二尺五寸，以深一丈五尺乘之，得三百三十七尺五寸，寄位。列袤三十六里，以古法三百步通之，内子，得一萬一千八十五步。六之通尺，得六萬六千五百一十尺。以乘寄位，得二千二百四十四萬七千一百二十五尺，爲河積也。以分母七之，得一億五千七百一十二萬九千八百七十五爲實。又列定功四百二十七尺，通分内子，得二千九百九

①此題解法與前題同。

②垣，城牆。此題已知城牆體積，求城牆高：

$$\frac{垣積}{袤} \div (\frac{上廣 + 下廣}{2}) = \frac{68886}{2670} \div (\frac{2.2 + 3.8}{2})$$
$$= 8.6 尺$$

③開河，開挖河道、河渠。截面亦爲等腰梯形，求積法同城牆。

④程，標準，準則。春程，指春季標準的工作量。春季標準的工作量是每人 598 立方尺，除掉七分之二的出土工作量，剩餘七分之五，爲實際開河的工作量。

⑤徒，服徭役者。

十爲法。實如法而一，不滿法者，各以五約之。合問①。

6. 今要築堤，上廣六尺四寸，下廣一丈五尺六寸，高六尺，袤三里七十四步，冬程人功三百六十四尺。問：共用徒幾何？

答曰：一千五十九人九十一分人之五十七。

術曰：併兩廣而半之，得一丈一尺，爲停闊也。以高六尺乘之，得六十六尺於上位。又列袤三里，以古法三百步通之，內子，得九百七十四步。又以尺法六因之，得五千八百四十四尺。以乘上位，得三十八萬五千七百四尺，爲堤積也。以人功三百六十四尺爲法，實如法而一，不滿法者，各以四約之，即得。合問②。

7. 今有方堡壔③，自方二十四尺，高二丈一尺。問：積尺幾何？

答曰：一萬二千九十六尺。

術曰：列方二十四尺，自乘得五百七十六尺，又以高二丈一尺乘之，得一萬二千九十六尺爲積也。合問④。

---

①此題先求每人實際的開河工作量，即定功，得：

$$598 \times \frac{5}{7} = 427\frac{1}{7} 立方尺$$

再求河渠體積：

$$\frac{(下廣 + 上廣)}{2} \times 深 \times 袤$$

$$= \frac{(18.7 + 26.3)}{2} \times 15 \times [(36 \times 300 + 285) \times 6]$$

$$= 22447125 立方尺$$

用河積除以定功，得人數：

$$\frac{22447125}{427\frac{1}{7}} = \frac{22447125 \times 7}{427 \times 7 + 1} = \frac{157129875}{2990} = 52551\frac{477}{598} 人$$

②河堤求積方法與河渠相同，先求得河堤體積爲：

$$\frac{(6.4 + 15.6)}{2} \times 6 \times [(3 \times 300 + 74) \times 6] = 385704 立方尺$$

除以定功，得人數：

$$\frac{385704}{364} = 1059\frac{57}{91} 人$$

③堡壔，《九章算術》商功章作“堢壔”，劉徽注：“堢，堢城也。壔，謂以土擁木也。”即小土堡。方堡壔，形如正方柱體的小土堡。

④設方堡壔底面邊長爲 a，高爲 h，體積爲：

$$V = a^2 h = 24^2 \times 21 = 12096 立方尺$$

8. 今有圓堡墻①，周三丈七尺，高一丈四尺。問：積尺幾何？

答曰：一千五百九十七尺六分尺之一。

術曰：列周三丈七尺，自乘得一千三百六十九尺，又以高一丈四尺乘之，得一萬九千一百六十六尺。以圓法十二而一，不滿法者各半之。合問②。

9. 今有方亭臺一所③，上方二丈八尺，下方三丈二尺，高四丈六尺。問：積尺幾何？

答曰：四萬一千四百六十一尺少半尺。

術曰：上方自乘，下方亦自乘，又上下方相乘，三位併之，共得二千七百四尺。又以高四丈六尺乘之，得一十二萬四千三百八十四尺。以三而一，不滿法者命之。合問④。

10. 今有圓亭臺一所，下周四丈二尺，上周二丈九尺，高三丈八尺。問：積幾何？

答曰：四千三十五尺一十八分尺之七。

術曰：下周自乘，上周亦自乘，又上下周相乘，三位併之，共得三千八百二十三尺。又以高三丈八尺乘之，得一十四萬五千二百七十四尺。以三十六而一，不滿法者各半之。合問⑤。

11. 今有方錐，下方二丈五尺，高二丈八尺。問：積尺幾何？

答曰：五千八百三十三尺少半尺。

術曰：列下方二丈五尺，自乘得六百二十五尺，又以高二丈八尺乘之，

---

①圓堡墻，形如圓柱體的小土堡。

②設圓堡墻底面周長爲 C，高爲 h，體積爲：

$$V = \frac{C^2 h}{12} = \frac{37^2 \times 14}{12} = 1597\frac{1}{6} \text{ 立方尺}$$

③方亭臺，《九章算術》商功章稱作"方亭"。亭，又稱"亭燧"，俗稱烽火台，古代設置在邊塞用於偵察敵情、傳遞消息的建築。有方、圓兩種，方亭臺，形狀如同四方臺。

④設方亭臺上底邊長爲 a，下底邊長爲 b，高爲 h，體積爲：

$$V = \frac{(a^2 + b^2 + ab)h}{3} = \frac{(28^2 + 32^2 + 28 \times 32) \times 46}{3} = 41461\frac{1}{3} \text{ 立方尺}$$

⑤圓亭臺，形如圓錐臺。設上底周長爲 C_1，下底周長爲 C_2，高爲 h，體積爲：

$$V = \frac{(C1^2 + C2^2 + C_1 C_2)h}{3} = \frac{(29^2 + 42^2 + 29 \times 42) \times 38}{36} = 4035\frac{7}{18} \text{ 立方尺}$$

得一萬七千五百尺。以三而一，不滿法者命之。合問①。

12. 今有圓錐，下周五丈四尺，高三丈七尺。問：爲古、徽、密三積各幾何？

答曰：古積二千九百九十七尺；

　　　徽積二千八百六十三尺一百五十七分尺之五十九；

　　　密積二千八百六十尺二十二分尺之一十七。

古法曰：列下周五丈四尺，自乘得二千九百一十六尺，以高三丈七尺乘之，得一十萬七千八百九十二尺爲實。以三十六爲法，實如法而一，得古積。合問。

徽術曰：下周自乘，又高乘之，又以二十五乘之，得二百六十九萬七千三百爲實。以九百四十二爲法，實如法而一。爲法數者，乃圓法十二乘半徽周七十八分半②，故爲法也。不滿法者，各以六約之，得徽積。合問。

密術曰：下周自乘，又高乘之，又以七因之，得七十五萬五千二百四十四爲實。以二百六十四爲法，實如法而一。爲法之數，乃圓法十二乘密周二十二，故爲法。不滿法者，各以十二約之。合問③。

13. 今欲築圓城一座，内周二十六里二百一十九步，厚三步半。除水門四處，各闊四步；旱門四處，各闊二步四尺，只云從城外邊每二步二尺安乳頭三枚。問：共安乳頭幾何？里步尺率，各依古法。

---

①設方錐底面邊長爲 a，高爲 h，體積爲：

$$V = \frac{a^2 h}{3} = \frac{25^2 \times 28}{3} = 5833\frac{1}{3} \text{ 立方尺}$$

②七十八分半，銅活字本"十"誤作"之"，據各本改。

③設圓錐底面周長爲 C，底面面積爲 S，高爲 h，體積爲：

$$V = \frac{Sh}{3} = \frac{C^2 h}{12\pi}$$

"古法"圓周率取 3，求得圓錐體積爲：

$$V = \frac{C^2 h}{36} = \frac{54^2 \times 37}{36} = 2997 \text{ 立方尺}$$

"徽率"取 $\frac{157}{50}$，求得圓錐體積爲：

$$V = \frac{50 \times C^2 h}{12 \times 157} = \frac{50 \times 54^2 \times 37}{12 \times 157} = 2863\frac{59}{157} \text{ 立方尺}$$

"密率"取 $\frac{22}{7}$，求得圓錐體積爲：

$$V = \frac{7 \times C^2 h}{12 \times 22} = \frac{7 \times 54^2 \times 37}{12 \times 22} = 2860\frac{17}{22} \text{ 立方尺}$$

答曰：一萬三百二枚七分枚之六。

術曰：列內周，通步內子①，得八千一十九步於上位。倍厚步三之，加上位，以六尺因之，得四萬八千二百四十尺，乃城外周之數。寄位。列水門闊四步，六之，又四之，得九十六尺，以減寄位。又列旱門闊二步，以六因之，內子四，又四之，得六十四尺，又減寄位，餘四萬八千八十尺。乃城外周合安乳頭之數。三之，得一十四萬四千二百四十爲實。又列二步，六之，內子二，得一十四尺爲法。實如法而一，不滿法者各半之。合問②。

貴賤反率門③八問

1. 今有錢三百四十五文，共買檀乳香一百四十兩，只云乳香兩價貴如檀

---

①步，銅活字本誤作"里"，據諺解本改。

②此題中，圓城的內周和外周相當於兩個同心圓，形狀與"田畝形段門"中的環田相同。已知內周 C_1 和城牆寬 l，求外周：

$$C_2 = C_1 + 2l \times 3 = [(26 \times 300 + 219) + (2 \times 3.5) \times 3] \times 6 = 48240 \text{ 尺}$$

減去 4 道水門、4 道旱門的寬度，得應該安乳頭的城牆外周：

$$48240 - 4 \times 24 - 4 \times 16 = 48080 \text{ 尺}$$

進而求得乳頭數爲：

$$48080 \div \frac{14}{3} = \frac{48080 \times 3}{14} = 10302 \frac{6}{7} \text{ 枚}$$

③貴賤反率，《九章算術》粟米章有"其率"和"反其率"，李淳風注："其率者，錢多物少；反其率知，錢少物多。多少相反，故曰反其率也。其率者，以物數爲法，錢數爲實；反之知，以錢數爲法，物數爲實。"知，通"者"。用錢來買貴賤兩物，二者單價相差一個單位，如果錢多物少，用錢作被除數，物作除數，求得結果是若干錢買一物，這是"其率"；如果錢少物多，用物作被除數，用錢作除數，與"其率"恰恰相反，求得結果是一個錢買若干物，這是"反其率"。本門收錄的就是"其率"和"反其率"的算題。這是兩種比較特殊的取近似值算法，便於買賣雙方進行交易。以"其率"爲例，簡單說明如下。如果用 1000 文錢買物 76 個，如果按照一般的計算，得每物單價爲：

$$\frac{1000}{76} = 13 \frac{12}{76} \text{ 文}$$

當然，從純粹數學角度來講，這個結果是毫無問題的。不過，在實際買賣過程中，這樣的定價不符合實際情況。單價或者 13 或者 14，不會有這麼複雜的分數出現。那麼，如何實現 1000 文買物 76 個呢？"其率"便是爲了解決這樣的問題產生的。既然單價爲分數不方便交易，那麼可以根據商品質量的優劣，取分數兩側的整數，定兩個單價。如上述問題，一部分商品 13 文每個，一部分商品 14 文每個，則 1000 文正好可以買單價爲 13 的賤物 64 個，買單價爲 14 的貴物 12 個。"反其率"與"其率"類似，具體可以參看後文設問。

香兩價一文。問：二色各幾何？

答曰：檀香七十五兩，<small>兩價二文。</small>　　乳香六十五兩。<small>兩價三文。</small>

術曰：列錢數爲實，以一百四十兩爲法。實如法而一，得二文，乃檀香兩價，加一文即乳香兩價。餘實六十五，爲乳香數也。反減下法，餘七十五，即檀香數也。合問①。按：此"其率"者，以錢爲實，物爲法。實如法而一，所得爲賤率價，加一文即貴率價。餘實則貴物數，反減下法，餘法爲賤物數也。其積銖，當以石鈞秤斤兩銖法約之。其"反率"者，以物爲實，錢爲法。實如法而一，所得爲貴物，加一即賤物。不滿法者，餘實則化爲錢，乃賤價也。反減下法，餘法爲貴價。餘實餘法相併，得共錢也。

2. 今有錢八百四十文，買核桃七千二百九十枚，欲其貴賤率之。問：各幾何？

答曰：其二千一百六十枚；<small>八枚直錢一文。</small>

其五千一百三十枚。<small>九枚直錢一文。</small>

術曰：列核桃爲實，以錢八百四十爲法。實如法而一，得八枚直錢一文，就加一枚，乃九枚直錢一文。餘實五百七十，反減下法，餘二百七十，八之，得貴物數。其不盡五百七十，九之，得賤物數。合問②。

3. 今有錢一十六貫五百文，買漆一石三鈞一秤四斤五兩六銖，欲其貴賤石率之。問：各幾何？

答曰：其一石三鈞四兩一十八銖；<small>石價八千六百三十四文。</small>

其一秤四斤一十二銖。<small>石價八千六百三十三文。</small>

術曰：列漆，通銖，得八萬八千六十二爲法。列錢，以四萬六千八十乘

---

①此爲"其率"算題。用總錢除以總物：

$$\frac{345}{140} = 2\frac{65}{140} 文$$

得數整數部分 2 文，即賤物檀香單價。加 1 文，爲貴物乳香單價。得數分數部分的分子 65 兩，即貴物乳香數量。用分子 65 反減分母 140，餘 75 兩，即賤物檀香數量。

②此爲"反其率"算題，物多錢少，用總物除以總錢：

$$\frac{7290}{840} = 8\frac{570}{840} 枚$$

得數整數部分 8 枚，即貴物單價每文 8 枚，加 1 爲賤物單價每文 9 枚。得數分數部分的分子 570 文，乘賤物單價每文 9 枚，得賤物數量：

$$9 \times 570 = 5130 枚$$

用分子 570 反減分母 840，餘 270 文，乘貴物單價每文 8 枚，得貴物數量：

$$8 \times 270 = 2160 枚$$

之，得七億六千三十二萬爲實。實如法而一，得八千六百三十三文，爲賤石價，加一文即貴石價。不盡八萬七百五十四，反減下法，餘七千三百八。以秤斤銖法除之，得一秤四斤一十二銖，爲賤數。其不盡八萬七百五十四，以石鈞兩銖法除之，得貴數。合問①。

4. 今有錢二十五貫三百文，買絲二石二鈞一秤三斤四兩八銖，欲其貴賤鈞率之。問：各幾何？

答曰：其二石二斤五兩八銖；鈞價二貫三百八十五文。

其二鈞一秤一十五兩。鈞價二貫三百八十四文。

術曰：列錢，以一萬一千五百二十乘之，得二億九千一百四十五萬六千爲實。列絲，通銖，得一十二萬二千二百一十六爲法。實如法而一，得二千三百八十四，爲賤鈞價。內加一文，即貴鈞價。不盡九萬三千五十六，反減下法，餘二萬九千一百六十。以鈞秤兩銖法除之，得二鈞一秤一十五兩，爲賤數。其不盡九萬三千五十六，以石斤兩銖法除之，得二石二斤五兩八銖，即貴數。合問②。

5. 今有錢一百貫，買胡椒二十七石一鈞一秤三斤一十二兩一十八銖，欲其貴賤秤率之。問：得幾何？

答曰：其二石二鈞八斤一十兩；秤價四百五十七文。

---

① 此爲“其率”算題。以下五問類型相同，此求貴賤石率，先將總漆數“1 石 3 鈞 1 秤 4 斤 5 兩 6 銖”化作石數：

$$\frac{1 \times 46080 + 3 \times 11520 + 1 \times 5760 + 4 \times 384 + 5 \times 24 + 6}{46080} = \frac{88062}{46080} 石$$

用總錢除以總漆，得：

$$16500 \div \frac{88062}{46080} = \frac{16500 \times 46080}{88062} = 8633 \frac{80754}{88062} 文$$

得賤物每石 8633 文，加 1 文得貴物每石 8634 文。貴物數爲 80754 銖，即 1 石 3 鈞 4 兩 18 銖。賤物數爲 7308 銖，即 1 秤 4 斤 12 銖。

② 此求貴賤鈞率，先將“2 石 2 鈞 1 秤 3 斤 4 兩 8 銖”化成鈞數：

$$\frac{2 \times 46080 + 2 \times 11520 + 1 \times 5760 + 3 \times 384 + 4 \times 24 + 8}{11520} = \frac{122216}{11520} 鈞$$

用總錢除以總物，得：

$$25300 \div \frac{122216}{11520} = \frac{25300 \times 11520}{122216} = 2384 \frac{93056}{122216} 文$$

得賤物每鈞 2384 文，加 1 文得貴物每鈞 2385 文。貴物數爲 93056 銖，即 2 石 2 斤 5 兩 8 銖。賤物數爲 29160 銖，即 2 鈞 1 秤 15 兩。

其二十四石三鈞一十斤二兩一十八銖。秤價四百五十六文。

術曰：列椒，通銖，得一百二十六萬二千八百九十八爲法。列錢，以五千七百六十乘之，得五億七千六百萬爲實。實如法而一，得四百五十六文，爲賤秤價。內加一文，即貴秤價。不盡一十一萬八千五百一十二，反減下法，餘一百一十四萬四千三百八十六。以石鈞斤兩銖法除之，得二十四石三鈞一十斤二兩一十八銖，爲賤數①。其不盡一十一萬八千五百一十二，以石鈞斤兩銖法除之，得二石二鈞八斤一十兩，即貴數。合問②。

6. 今有錢二百五十貫，買桂花一十二石三鈞一秤一十三斤九兩四銖，欲其貴賤斤率之。問：各幾何？

答曰：其五石一秤一十三斤五兩八銖；斤價一百六十一文。

其七石三鈞三兩二十銖。斤價一百六十文。

術曰：列錢，以三百八十四乘之，得九千六百萬爲實。列桂花，通銖，得五十九萬八千四百九十二爲法。實如法而一，得一百六十文，爲賤斤價。內加一文，即貴斤價。不盡二十四萬一千二百八十，反減下法，餘三十五萬七千二百一十二。以石鈞兩銖法除之，得七石三鈞三兩二十銖，爲賤數。其不盡二十四萬一千二百八十，以石秤斤兩銖法除之，得五石一秤一十三斤五兩八銖，即貴數。合問③。

---

①賤，銅活字本、諺解本誤作"錢"，據金刻本、金鈔本、羅刻本改。

②此求貴賤秤率，先將"27石1鈞1秤3斤12兩18銖"化成秤數：

$$\frac{27 \times 46080 + 1 \times 11520 + 1 \times 5760 + 3 \times 384 + 12 \times 24 + 18}{5760} = \frac{1262898}{5760} 秤$$

用總錢除以總物，得：

$$100000 \div \frac{1262898}{5760} = \frac{100000 \times 5760}{1262898} = 456\frac{118512}{1262898} 文$$

得賤物每秤456文，加1文得貴物每秤457文。貴物數爲118512銖，即2石2鈞8斤10兩。賤物數爲1144386銖，即24石3鈞10斤2兩18銖。

③此求貴賤斤率，先將"12石3鈞1秤13斤9兩4銖"化成斤數：

$$\frac{12 \times 46080 + 3 \times 11520 + 1 \times 5760 + 13 \times 384 + 9 \times 24 + 4}{384} = \frac{598492}{384} 斤$$

用總錢除以總物，得：

$$250000 \div \frac{598492}{384} = \frac{250000 \times 384}{598492} = 160\frac{241280}{598492} 文$$

得賤物每斤160文，加1文得貴物每斤161文。貴物數爲241280銖，即5石1秤13斤5兩8銖。賤物數爲357212銖，即7石3鈞3兩20銖。

7. 今有錢三十八貫四百文，買木香一石二鈞一十四斤一十四兩八銖，欲其貴賤兩率。問：各幾何？

答曰：其二鈞一斤四兩；_{兩價一十三文。}

其一石一十三斤一十兩八銖。_{兩價一十二文。}

術曰：列木香，通銖，得七萬四千八百四十爲法。列錢，以二十四乘之，得九十二萬一千六百爲實。實如法而一，得一十二文，爲賤兩價。內加一文，即貴兩價。不盡二萬三千五百二十，反減下法，餘五萬一千三百二十。以石斤兩銖法除之，得一石一十三斤一十兩八銖，爲賤數。其不盡二萬三千五百二十，以鈞斤兩銖法除之，得二鈞一斤四兩，即貴數。合問①。

8. 今有錢二十八貫六百八十文，買黃蠟二石三鈞一秤三斤六兩八銖，欲其貴賤銖率之。問：各幾何？

答曰：其三鈞一十斤二兩一十六銖；_{四銖直錢一文。}

其二石八斤三兩一十六銖。_{五銖直錢一文。}

術曰：列蠟，通銖，得一十三萬三千七百八十四爲實。以錢爲法，實如法而一，得四銖直錢一文，乃貴物也。內加一銖，即賤物也。不盡一萬九千六十四，乃賤價也。反減下法，餘九千六百一十六，即貴價。四之，得三萬八千四百六十四，以鈞斤兩銖法約之，得三鈞一十斤二兩一十六銖。其不盡一萬九千六十四，五之，得九萬五千三百二十，以石斤兩銖法除之，得二石

---

① 此求貴賤兩率，先將 "1 石 2 鈞 14 斤 14 兩 8 銖" 化成兩數：

$$\frac{1 \times 46080 + 2 \times 11520 + 14 \times 384 + 14 \times 24 + 8}{24} = \frac{74840}{24} 兩$$

用總錢除以總物，得：

$$38400 \div \frac{74840}{24} = \frac{38400 \times 24}{74840}$$

$$= 12 \frac{23520}{74840} 文$$

得賤物每兩 12 文，加 1 文得貴物每兩 13 文。貴物數爲 23520 銖，即 2 鈞 1 斤 4 兩。賤物數爲 51320 銖，即 1 石 13 斤 10 兩 8 銖。

八斤三兩一十六銖。合問①。

---

①此題錢少物多，屬於"反其率"算題。求貴賤銖率，先將"2 石 3 鈞 1 秤 3 斤 6 兩 8 銖"化成銖數：

$$2 \times 46080 + 3 \times 11520 + 1 \times 5760 + 3 \times 384 + 6 \times 24 + 8 = 133784 \text{ 銖}$$

用總物除以總錢，得：

$$\frac{133784}{28680} = 4\frac{19064}{28680} \text{ 銖}$$

得貴物每文 4 銖，加 1 銖得賤物每文 5 銖。賤物總錢爲 19064 文，乘賤物每文 5 銖，得賤物數 95320 銖，即 2 石 8 斤 3 兩 16 銖。貴物總錢爲 9616 文，乘貴物每文 4 銖，得貴物數 38464 銖，即 3 鈞 10 斤 2 兩 16 銖。

算學啟蒙卷下

之分齊同門①九問

1. 今有五十六分之二十一。問：約之幾何？

答曰：八分之三。

術曰：先列分母五十六於上位，次列分子二十一於下位。以子兩次減其母，餘一十四；母復減其子，餘七；子又減其母，亦餘七。乃得等數，爲約法。別列分母五十六、分子二十一，各以法約之。合問②。但有除分者，餘不盡之數，不可棄之。棄之，則不合其源，可以爲"之分"言之。之分者，乃乘除往來之數，還源則不失其本也。故《九章》設"諸分"於篇首者爲何？謂之分者，乃開算之戶牖也。緣其義闊遠，

---

①之，通"諸"，之分即《九章算術》方田章中提到的"諸分"。齊同，來自於分數通分。齊是"齊其子"，同是"同其母"，在分數通分中，分母互乘分子便是"齊其子"；分母相乘便是"同其母"。此門收錄各種分數算題，包括約分、通分及分數四則運算。

②此題爲分數約分，具體方法是：用分母和分子中較大的數減去較小的數，所得餘數再和原來較小的數對減，一直減到所得的兩個餘數相等。相等的餘數，叫作"等數"，就是我們現在所說的最大公約數。這個過程，在《九章算術》方田章中表述爲："副置分母、子之數，以少減多，更相減損，求其等也。"此題運算過程可以表示爲：

56	56−2×21	14	14	14	14−7	7
21	21	21	21−14	7	7	7
分母上位，分子下位	分子分母更相減損					得到"等數"

用等數 7 去除原來的分子分母，得：

$$\frac{21}{56} = \frac{21 \div 7}{56 \div 7} = \frac{3}{8}$$

其術奧妙，是以學者造之鮮矣。故張丘建有云："不患乘除之爲難，而患通分之爲難"是也①。且合減課分之術②，乃羣其母而齊其子，母法子實而一。平分者③，母互乘子，副併爲平實，母相乘爲法。以列數乘未併者，各爲列實。以列數乘法，減多益少而平。經分者④，錢爲實，人爲法而一。重有分者，同而通之。乘分者⑤，子相乘爲實，母相乘爲法而一。約分者，治數之繁也。設有四分之二，減而言之，即二分之一也。可約則約，可半則半⑥。比類前問，欲買馬五十六匹，已買二十一匹，問：幾分中買記幾分？答曰：八分中買三分也。

2. 今有甲絲八分兩之七，乙絲七分兩之六，丙絲六分兩之五。問：合之得幾何？

答曰：二兩一百六十八分兩之九十五。

$$\begin{array}{cc}\text{八分} & \text{之七}\\ \text{七分} & \text{之六}\end{array}$$

術曰：依圖布算 $\begin{array}{cc}\text{六分} & \text{之五}\end{array}$。母互乘子，右上得二百九十四，右中得二百八十八，右下得二百八十。三位併之，共得八百六十二爲實。左行分母相乘，得三百三十六爲法。實如法而一，不滿法者各半之，合問⑦。

3. 今有甲錢九分錢之五，減其乙錢七分錢之三。問：餘幾何？

答曰：六十三分錢之八。

$$\begin{array}{cc}\text{九分} & \text{之五}\end{array}$$

術曰：依圖布算 $\begin{array}{cc}\text{七分} & \text{之三}\end{array}$。母互乘子，右上得三十五，右下得二十七，

---

①語出《張丘建算經序》。

②合減課分，合分指分數相加，減分指分數相減，課分指比較分數大小。課，有考核義。

③平分，求幾個分數的平均值，運算過程參例問5注釋。

④經，同"徑"，分割之義。經分，即分數相除。

⑤乘分，分數相乘。

⑥可半則半，意思是分子和分母可以折半的便折半。指分子分母皆爲偶數的情況下，先用折半的方式來約分。以上各種分數運算，俱見《九章算術》方田章。

⑦此題爲合分，即分數相加，方法如下所示：

$$\frac{a}{b} + \frac{c}{d} + \frac{e}{f} = \frac{adf}{bdf} + \frac{cbf}{bdf} + \frac{ebd}{bdf} = \frac{adf + cbf + ebd}{bdf}$$

$$= \frac{(7 \times 7 \times 6) + (6 \times 8 \times 6) + (5 \times 8 \times 7)}{8 \times 7 \times 6}$$

$$= \frac{294 + 288 + 280}{336}$$

$$= \frac{862}{336} = 2\frac{190}{336} = 2\frac{95}{168}\text{兩}$$

以小減多①，餘八爲實。左行分母相乘，得六十三爲法。實如法而一，不滿法者命之。合問②。

4. 今有甲持絹七分尺之五，乙持絹四分尺之三。問：孰多？多幾何？

答曰：乙絹多，多二十八分尺之一。

$$\text{丅丅}^{七}_{分}\text{‖‖‖}^{之}_{五}$$

術曰：依圖布算‖‖‖‖$^{四}_{分}$‖‖‖$^{之}_{三}$。母互乘子，右上得二十，右下得二十一，以少減多③，餘一爲實。分母相乘，得二十八爲法。實如法而一，不滿法者命之。合問④。

5. 今有甲米六分蚪之五，乙米五分蚪之四，丙米四分蚪之三。問：減多益少⑤，各幾何而平？

答曰：各平一百八十分之一百四十三⑥。

$$\text{丅丅}^{六}_{分}\text{‖‖‖}^{之}_{五}$$
$$\text{‖‖‖‖}^{五}_{分}\text{‖‖‖}^{之}_{四}$$

術曰：依圖布算‖‖‖‖$^{四}_{分}$‖‖‖$^{之}_{三}$。母互乘子，右上得一百⑦，右中得九十六，右下得九十，各爲列實。副併得二百八十六爲平實。左行分母相乘，得一百二十爲法。又三之，得三百六十，亦三因右行未併者。平實法實各半之，得

---

①以小減多，謎解本作"以下減上"。
②此題爲減分，即分數相減，運算過程如下所示：
$$\frac{5}{9} - \frac{3}{7} = \frac{5 \times 7 - 3 \times 9}{9 \times 7} = \frac{8}{63}$$
③少，金刻本、金鈔本、羅刻本作"小"。
④此題爲課分，即比較分數大小。方法同減分：
$$\frac{5}{7} = \frac{5 \times 4}{7 \times 4} = \frac{20}{28}$$
$$\frac{3}{4} = \frac{3 \times 7}{4 \times 7} = \frac{21}{28}$$
$$\frac{3}{4} - \frac{5}{7} = \frac{21}{28} - \frac{20}{28} = \frac{1}{28}$$
⑤少，金刻本、金鈔本、羅刻本作"小"。羅士琳《識誤》云："案：前注云'益少'，據此，'小'當作'少'。"
⑥之一百四十三，金刻本、金鈔本、羅刻本爲小字。
⑦右，銅活字本誤作"石"，據各本改。

數，減右上七，減右中一，而益右下，得各平也。合問①。

6. 今有六人五分人之四，分銀八兩、七分兩之三、六分兩之五。問：人得幾何？

答曰：一兩一千四百二十八分兩之五百一十七。

術曰：依圖布算（圖）。母互乘子，併之，得五十三，寄位。左行相乘得四十二，以乘銀八兩，得三百三十六，併入寄位。共得三百八十九，以人分母五因之，得一千九百四十五爲實。又列六人，通分內子，得三十四，以銀分母四十二乘之，得一千四百二十八爲法。實如法而一，得一兩，不滿

---

①此題爲平分，即求分數的平均數。術文運算方法如下所示：

	左行	右行	母互乘子，各爲列實	列數三乘列實	列實折半	副置列實	併得平實	平實折半	列實平實折半相較	母相乘爲法，以列數三乘之，折半
甲	六分	之五	右上得：5×4×5=100	300	150	100			−7	6×5×4=120
乙	五分	之四	右中得：6×4×4=96	288	144	96	286	143	−1	120×3=360 360÷2=180
丙	四分	之三	右下得：6×5×3=90	270	135	90			8	
	列實折半，與平實折半之數相較，右上150較143多7；右中144較143多1；右下135較143少8，即甲減$\frac{7}{180}$，乙減$\frac{1}{180}$，丙加$\frac{8}{180}$，各得平數$\frac{143}{180}$									

求平均數法用現代數學符號可以表示爲：

$$\frac{1}{3}(\frac{a}{b}+\frac{c}{d}+\frac{e}{f})=\frac{adf+cbf+ebd}{3bdf}$$

$$=\frac{(5\times5\times4)+(4\times6\times4)+(3\times6\times5)}{3\times(6\times5\times4)}=\frac{100+96+90}{3\times120}$$

$$=\frac{286}{360}=\frac{143}{180}$$

法者命之。合問①。

7. 今有田闊一十三分步之九，長一十八分步之十一。問：爲田幾何？

答曰：二十六分步之十一。

術曰：依圖布算 。列分母相乘，得二百三十四爲法。分子相乘，得九十九爲實。實如法而一，不滿法者各九約之。合問③。

8. 今有錢三百四十六貫八百④，買絲二百九十八斤。問：斤價幾何？

答曰：一貫一百六十三文一百四十九分文之一百一十三。

術曰：列錢數於上爲實，以絲數爲法。實如法而一，不滿法者各半之。合問⑤。

9. 今有絲二百九十八斤，斤價一貫一百六十三文一百四十九分文之一百一十三。問：直錢幾何？

答曰：三百四十六貫八百文。

術曰：列共絲於上，斤價通分內子，得一十七萬三千四百，以乘上位，

---

①此題爲經分，即分數除法。先將總銀數通分：

$$8 + \frac{3}{7} + \frac{5}{6} = \frac{336 + 18 + 35}{42} = \frac{389}{42} \text{兩}$$

再將人數通分：

$$6 \frac{4}{5} = \frac{34}{5} \text{人}$$

再計算分數除法：

$$\frac{389}{42} \div \frac{34}{5} = \frac{389 \times 5}{42 \times 34} = \frac{1945}{1428} = 1 \frac{517}{1428} \text{兩}$$

②圖中"左行母相乘"，羅刻本"左"誤作"右"，金刻本、金鈔本不誤。

③此題爲乘分，即分數乘法。運算過程如下所示：

$$\frac{9}{13} \times \frac{11}{18} = \frac{9 \times 11}{13 \times 18} = \frac{99}{234} = \frac{11}{26} \text{步}$$

④金刻本、金鈔本、羅刻本"八百"下有"文"字。

⑤此題運算過程如下所示：

$$\frac{346800}{298} = 1163 \frac{226}{298} = 1163 \frac{113}{149} \text{文}$$

得五千一百六十七萬三千二百，以分母一百四十九約之。合問①。

堆積還源門②_{十四問}

1. 今有荻草底子③，每面五十四束。問：積幾何？

答曰：一千四百八十五束。

術曰：副置五十四束，下位添一束，以乘上位，得二千九百七十。半之，得積。合問④。

2. 今有圓箭一束，外周五十四隻。問：積幾何？

答曰：二百七十一隻。

術曰：副置五十四隻，上位添六隻，以下位乘之，得三千二百四十爲實。

---

①此題爲前題逆運算，運算過程如下所示：

$$298 \times 1163\frac{113}{149} = 298 \times \frac{173400}{149} = \frac{298 \times 173400}{149}$$

$$= \frac{51673200}{149} = 346800 \text{ 文}$$

②此門收錄各種類型的垛積問題。

③荻草，用作飼料的乾草。荻草底子，指荻草垛最下面的一層，如圖 3-1，即三角箭束。

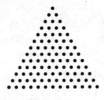

圖 3-1

④如圖 3-1，荻草底子自上而下，構成首項爲1，公差爲1的等差數列，設每面邊長爲 a，術文解法可以表示爲：

$$S = \frac{a(a+1)}{2} = \frac{45 \times (45+1)}{2} = 1485$$

以圓法十二而一,加心箭一隻。合問①。

3. 今有方箭一束,外周四十四隻。問:積幾何?

答曰:一百四十四隻。

術曰:副置四十四隻,各添四隻,相乘得二千三百四爲實。以一十六爲法而一。合問②。

4. 今有三角垛果子,每面底子四十四箇。問:共積幾何?

答曰:一萬五千一百八十箇。

術曰:列底子,添三,以底子乘之,得數。又添二,又以底子乘之,得

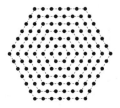

①圓箭束,如圖 3-2,自內至外,除中心 1 外,從第二層開始,每層積數依次爲 6,12,18,24……,構成首項爲 6,公差爲 6 的等差數列。設圓箭束外周爲 a,術文解法可以表示爲:

$$S = \frac{a(a+6)}{12} + 1 = \frac{54 \times (54+6)}{12} + 1 = 271$$

圖 3-2

②此方束爲無中心方束,如圖 3-3,自內至外,每層積數依次爲 4,12,20……,構成首項爲 4,公差爲 8 的等差數列。設方束外周爲 a,術文解法可以表示爲:

$$S = \frac{(a+4)^2}{16} = \frac{(44+4)^2}{16} = 144$$

圖 3-3

九萬一千八十爲實。以六爲法，實如法而一。合問①。

5. 今有四角垛果子，每面底子四十四箇。問：共積幾何？

答曰：二萬九千三百七十箇。

術曰：列底子，添一箇半，以底子乘之，得數。又添半箇，又以底子乘之，得八萬八千一百一十爲實。以三爲法，實如法而一。合問②。

6. 今有圓毬一隻，徑一尺六寸。問：積幾何？

答曰：二千三百四寸。

術曰：列一尺六寸，再自乘③，又九因，得三萬六千八百六十四寸。以十

---

① 三角垛果子，如圖3-4，自上至下，每層積數依次爲1，3，6，10……，構成一個二階等差數列。設底層每面爲 a，術文解法可以表示爲：

$$S = \frac{a[a(a+3)+2]}{6} = \frac{44 \times [44 \times (44+3)+2]}{6} = 15180$$

上述公式相當於：

$$S = \frac{a(a+1)(a+2)}{6}$$

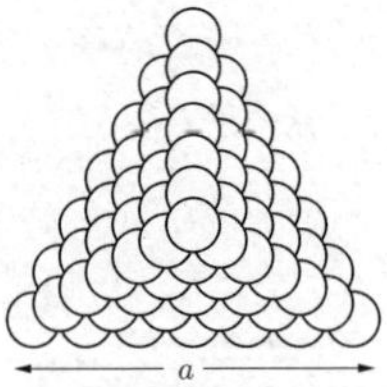

圖 3-4

② 四角垛果子，如圖3-5，自上而下，每層積數依次爲$1^2, 2^2, 3^2, 4^2$……，構成一個二階等差數列。設底層每面爲 a，術文解法可以表示爲：

$$S = \frac{a[a(a+\frac{3}{2})+\frac{1}{2}]}{3} = \frac{44 \times [44 \times (44+\frac{3}{2})+\frac{1}{2}]}{3} = 29370$$

上述公式相當於：

$$S = \frac{a(a+1)(2a+1)}{6}$$

圖 3-5

③ 再自乘，自乘兩次，即立方。

六而一。合問①。

7. 今有金毬一隻，周三尺六寸，厚四分。問：重幾何？

答曰：一百八十一斤一十一兩六錢四分八釐。

術曰：列三尺六寸，以三而一，得一尺二寸，爲虛實之徑。再自乘，得一千七百二十八寸，又九之。十六而一，得九百七十二寸，乃虛實共積也。寄位。又列徑一尺二寸，減上下厚八分，餘一尺一寸二分。再自乘，得一千四百四寸九分二釐八毫。又九因，十六而一，得七百九十寸二分七釐二毫。乃虛積數。以減寄位，餘金積寸也。寸下分者，身外加六爲兩。金自方一寸重一斤②。合問③。

8. 今有茭草積一千四百八十五束。問：底面幾何？

答曰：五十四束。

術曰：列積，倍之，得二千九百七十爲實。以一爲從方，一爲廉法，開平方除之。合問④。

---

① 此題求圓球體積，已知圓球之徑 d，根據術文，圓球體積爲：

$$V = \frac{9d^3}{16} = \frac{9 \times 16^3}{16} = 2304 \text{ 立方寸}$$

② 金比重見《孫子算經》卷上："黃金方寸重一斤"。

③ 此題中的金毬，是一個厚4分的中空毬體，中空的體積爲虛積，外殼的體積爲實積。先求出整個毬體的體積，即虛實共積 V_1，再求虛積 V_2，共積減去虛積，所餘爲實積 V：

$$
\begin{aligned}
V &= V_1 - V_2 \\
&= \left[\frac{9}{16} \times \left(\frac{36}{3}\right)^3\right] - \left[\frac{9}{16} \times \left(\frac{36}{3} - 2 \times 0.4\right)^3\right] \\
&= 972 - 790.272 \\
&= 181.728 \text{ 立方寸}
\end{aligned}
$$

乘以金的比重：

$$1 \text{ 立方寸} = 1 \text{ 斤}$$

得金重：

$$181.728 \text{ 斤} = 181 \text{ 斤 } 11 \text{ 兩 } 6 \text{ 錢 } 4 \text{ 分 } 8 \text{ 釐}$$

④ 此題爲第一問茭草底子求積還原，已知茭草底子積數 S，求底子每面 a。根據茭草求積公式：

$$S = \frac{a(a+1)}{2}$$

得：

$$a(a+1) = 2S = 2 \times 1485 = 2970$$

即：

$$a^2 + a = 2970$$

以二次項係數1爲廉法，一次項係數1爲從方，用帶從開平方法，解得：$a = 54$。

9. 今有圓箭二百七十一隻。問：外周幾何？

答曰：五十四隻。

術曰：列積，減一，餘以十二乘之，得三千二百四十爲實。以六爲從方，一爲廉法，開平方除之。合問①。

10. 今有方箭一百四十四隻，問：外周幾何？

答曰：四十四隻。

術曰：列積，減一，餘以十六乘之，得二千二百八十八爲實。以八爲從方，一爲廉法，開平方除之。合問②。

11. 今有三角垛果子，積一萬五千一百八十箇，問：底子一面幾何？

答曰：四十四箇。

術曰：列積，六之，得九萬一千八十爲實。以二爲從方，三爲從廉，一爲隅法，開立方除之。合問③。

12. 今有四角垛果子，積二萬九千三百七十箇。問：底子一面幾何？

答曰：四十四箇。

術曰：列積，三之，得八萬八千一百一十爲實。以半箇爲從方，一箇半

---

①此題爲第二問圓箭束求積還原，已知圓箭束積數 S，求圓箭束外周 a。根據圓箭束求積公式：

$$S = \frac{a(a+6)}{12} + 1$$

得：

$$a(a+6) = 12 \times (S-1) = 12 \times (271-1) = 3240$$

用帶從開平方方法，解得：$a = 54$。

②此題爲第三問方箭束求積還原，已知方箭束積數 S，求方箭束外周 a。根據方箭束求積公式：

$$S = \frac{(a+4)^2}{16} = \frac{a(a+8)}{16} + 1$$

得：

$$a(a+8) = 16 \times (S-1) = 16 \times (144-1) = 2288$$

用帶從開平方方法，解得：$a = 44$。

③此題爲第四問三角垛果子求積還原，已知三角垛積數 S，求三角垛底層每面 a，根據三角垛求積公式：

$$S = \frac{a[a(a+3)+2]}{6} = \frac{a^3 + 3a^2 + 2a}{6}$$

得：

$$a^3 + 3a^2 + 2a = 6S = 6 \times 15180 = 91080$$

以三次項係數 1 爲隅法，二次項係數 3 爲從廉，一次項係數 2 爲從方，用帶從開立方方法，解得：$a = 44$。

爲從廉，一爲隅法，開立方除之。合問①。

13. 今有立圓積二千三百四寸。問：爲立圓徑幾何？

答曰：一尺六寸。

術曰：列積寸，以十六乘之，九而一，得四千九十六寸爲實。以一爲隅法，開立方除之，即得。合問②。

14. 今有三角四角果子各一所，共積六百八十五箇，只云三角底子一面不及四角底子一面七箇。問：二色底子一面各幾何？

答曰：三角底面五箇；　　　四角底面一十二箇。

術曰：六之共積，得四千一百一十於上位。列不及七箇張三位，上位倍之加一，得一十五，中位加一得八，下位得七。三位互乘，得八百四十，以減上位，餘三千二百七十爲實。倍不及七，加一得一十五，自之，得二百二十五於上位。又列不及七，加一倍之，得一十六。以不及七乘之，得一百一十二。又加二，併入上位，共得三百三十九，爲從方。又列不及七，加一得八，六之，得四十八，爲從廉。以三爲隅法，開立方除之，得三角底子一面

---

①此題爲第五問四角垛果子求積還原，已知四角垛積數 S，求四角垛底層每面 a，根據四角垛求積公式：

$$S = \frac{a\left[a\left(a + \frac{3}{2}\right) + \frac{1}{2}\right]}{3} = \frac{a^3 + \frac{3}{2}a^2 + \frac{1}{2}a}{3}$$

得：

$$a^3 + \frac{3}{2}a^2 + \frac{1}{2}a = 3S = 3 \times 29370 = 88110$$

用帶從開立方法，解得：$a = 44$。

②此題爲第六問圓球求積還原，已知圓球體積 V，求圓球直徑 d，根據圓球求積公式：

$$V = \frac{9d^3}{16}$$

得：

$$d^3 = \frac{16}{9}V = \frac{16 \times 2304}{9} = 4096 \text{ 立方寸}$$

用開立方法解得：

$$d = 16 \text{ 寸}$$

五箇。加不及七箇，即四角底子一面一十二箇。合問①。

盈不足術門②九問

1. 今有人分銀，不知其數。只云人分四兩，剩一十二兩；人分七兩，少六十兩。問：銀及人各幾何？

答曰：銀一百八兩；　　人二十四。

術曰：依圖布算 一‖‖‖‖ 四兩 剩十二 ┬┬ 七兩 少六十 ③。以盈不足維乘之④，右上得八十四，左上得二百四十。併之，得三百二十四爲實。盈不足相併，得七十二爲法。列

---

①此題包括三角垛和四角垛兩種堆垛，設三角垛底層每面爲 a，三角垛積爲：

$$S_1 = \frac{a[a(a+3)+2]}{6}$$

四角垛底層每面爲 b，四角垛積爲：

$$S_2 = \frac{b\left[b\left(b+\frac{3}{2}\right)+\frac{1}{2}\right]}{3} = \frac{b[b(2b+3)+1]}{6}$$

四角垛底面每層比三角垛底面每層多7，即：$b = a + 7$，則：

$$S_2 = \frac{(a+7)\{(a+7)[2(a+7)+3]+1\}}{6}$$

三角垛四角垛總積爲：

$$S_1 + S_2 = 685$$

$$\frac{a[a(a+3)+2]}{6} + \frac{(a+7)\{(a+7)[2(a+7)+3]+1\}}{6} = 685$$

整理得：

$$3a^3 + 48a^2 + 339a = 3270$$

用帶從開立方法，解得三角垛底層每面：$a = 5$。則四角垛底層每面：$b = 12$。

②盈，通"贏"，有餘。盈不足是傳統數學的重要科目，現在稱之爲盈虧類問題。

③籌算圖中的文字，銅活字本與諺解本全同，金刻本、金鈔本、羅刻本與銅活字本差異頗大。如此圖，銅活字本作"四兩""剩十二""七兩""少六十"，金刻本、金鈔本、羅刻本無"十二""六十"字樣。第二問圖中文字"四百""盈錢""三百""盈錢"，金刻本、金鈔本、羅刻本無"錢"字。以下凡二者不同之處，皆據銅活字本標註，不再一一出註説明。

④維，《廣雅·釋言》："隅也。"《大射禮》謂以小繩綴侯之四角而繫之於植爲維，四維即四角。《周易》以震、兌、坎、離爲四正，乾、坤、艮、巽爲四維，亦取隅角之意。維乘，是傳統數學的常用術語。以四數居四角，交叉相差，即維乘。

七兩、四兩，以少減多，餘三兩，約法實，實爲銀數，法爲人數。合問①。

2. 今有人買羊，不知其數。只云人出四百，盈一貫七百四十；人出三百，盈八百四十。問：羊價及人各幾何？

答曰：羊價一貫八百六十文；　　　九人。

術曰：依圖布算一ⅡⅢ盈錢Ⅲ盈錢。以兩盈維乘所出率，左上得三百三十六貫，右上得五百二十二貫。以少減多，餘一百八十六貫爲實。兩盈相減，餘九百爲法。列四百、三百，相減，餘一百，約法實，實爲羊價，法爲人數。合問②。問兩不足者，同此術。

3. 今有人買牛，不知其數。只云人出五百，盈五千；人出三百，適足。問：牛價及人各幾何？

答曰：牛價七貫五百文；　　　人二十五。

術曰：列盈五千爲實，列所出率，以少減多，餘二百爲法。實如法而一，得人數。以適足三百乘之，即牛價。合問③。問不足適足者，同此術也。

---

① 此題是盈不足問題的基本題型，設每人分銀 m_1，盈 p_1；每人分銀 m_2，不足 p_2。求銀數 M 和人數 N。解法如下所示：

$$M = \frac{m_2 p_1 + m_1 p_2}{|\,m_2 - m_1\,|} = \frac{7 \times 12 + 4 \times 60}{|\,7 - 4\,|} = \frac{324}{3} = 108 \text{ 兩}$$

$$N = \frac{p_1 + p_2}{|\,m_2 - m_1\,|} = \frac{12 + 60}{|\,7 - 4\,|} = \frac{72}{3} = 24 \text{ 人}$$

② 此題爲兩盈題，即兩次都有贏餘。設每人出錢 m_1，盈 p_1；每人出錢 m_2，盈 p_2。求銀數 M 和人數 N。解法如下所示：

$$M = \left|\frac{m_2 p_1 - m_1 p_2}{m_2 - m_1}\right| = \left|\frac{300 \times 1740 - 400 \times 840}{400 - 300}\right| = \frac{186000}{100} = 1860 \text{ 文}$$

$$N = \left|\frac{p_1 - p_2}{m_2 - m_1}\right| = \left|\frac{1740 - 840}{400 - 300}\right| = \frac{900}{100} = 9 \text{ 人}$$

兩不足與兩盈解法相同。

③ 此題爲盈適足題，即一次有贏餘，一次恰好等於總錢數。設每人出錢 m_1，盈 p_1；每人出錢 m_2，適足（即 $p_2 = 0$）。求銀數 M 和人數 N。解法如下所示：

$$M = \left|\frac{m_2 p_1}{m_2 - m_1}\right| = \left|\frac{300 \times 5000}{500 - 300}\right| = 7500 \text{ 文}$$

$$N = \left|\frac{p_1}{m_2 - m_1}\right| = \left|\frac{5000}{500 - 300}\right| = 25 \text{ 人}$$

不足適足與盈適足解法相同。

4. 今有人持錢買絲，不知其數。只云買一斤，不足五十七文；買一十二兩，盈一十五文。問：人持錢及絲斤價幾何？

答曰：人持錢二百三十一文；　　　絲斤價二百八十八文。

術曰：依圖布算〔算籌圖：十六兩、不足錢；十二兩、盈錢〕。以盈不足維乘之，左上得二百四十，右上得六百八十四。併之，得九百二十四爲實。盈不足相併，得七十二爲法。又列十六兩，內減十二兩，餘四兩，約法實。實爲人持錢，法爲絲兩價，身外加六，即斤價。合問①。

5. 今有人買馬，不知其數。只云九人出七貫，不足四貫七百；七人出八貫，盈一十八貫三百。問：馬價及人各幾何？

答曰：馬價五十三貫七百文；　　　人六十三。

術曰：依圖布算〔算籌圖：七千、九人、少錢；八千、七人、盈錢〕。以人數維乘所出率，左上得四萬九千，右上得七萬二千。副置，相減，得二萬三千爲約法。又以盈不足維乘之，左上得八億九千六百七十萬，右上得三億三千八百四十萬。併之，得一十二億三千五百一十萬爲實。人數互乘，各得六十三，亦以盈不足維乘之，左中得一百一十五萬二千九百，右中得二十九萬六千一百。併之，得一百四十四

---

①此題爲盈不足題，解法同第一問。

萬九千爲法。各以二萬三千約之，實爲馬價，法爲人數。合問①。

6. 今有甲米，不知其數，貯於四碩五斗囤中。乙悮入粟②，滿而相和，今變爲糯米，共量得三碩四斗四升。問：甲米乙粟各幾何③？

答曰：甲米一碩八斗五升；　　　乙粟二碩六斗五升。

術曰：假令甲米二碩一斗，有餘一斗；令之一碩五斗，不足一斗四升，盈

不足術求之。依圖布算　　維乘，上二位相併，得四碩四斗四升爲實。以盈不足相併，得二斗四升爲法。實如法而一，得甲米。反減四碩五斗，餘即乙粟。按此甲米二碩一斗，乙粟二碩四斗，以六因之，得米一碩四斗四升，併之，得三碩五斗四升。課於三碩四斗四升④，外多一斗，故曰有餘。若令甲米一碩五斗，乙粟三碩，

①此題爲雙套盈不足題，設每 a_1 人出錢 b_1，不足 p_1；每 a_2 人出錢 b_2，盈 p_2，先求得兩次每人出錢分別爲：

$$m_1 = \frac{b_1}{a_1},\ m_2 = \frac{b_2}{a_2}$$

代入盈不足公式，解得：

$$M = \frac{a_2 b_1 p_2 + a_1 b_2 p_1}{|\,a_2 b_1 - a_1 b_2\,|}$$

$$= \frac{9 \times 8000 \times 4700 + 7 \times 7000 \times 18300}{|\,9 \times 8000 - 7 \times 7000\,|}$$

$$= \frac{1235100000}{23000} = 53700 \ 文$$

$$N = \frac{a_2 p_1 + a_1 p_2}{|\,a_2 b_1 - a_1 b_2\,|} = \frac{9 \times 18300 + 7 \times 4700}{|\,9 \times 8000 - 7 \times 7000\,|}$$

$$= \frac{1449000}{23000} = 63 \ 人$$

②悮，同"誤"。乙悮入粟，據文意，當理解爲乙粟誤入甲米中，則"乙悮入粟"似當作"悮入乙粟"，文意方暢。
③金刻本、金鈔本、羅刻本小字注云："糯米六升，折粟一斗。"
④課，考核，比較。

以六因之，得米一碩八斗，併之，得三碩三斗。課於三碩四斗四升，外少一斗四升，故曰不足。合問①。

7. 今有人携酒遊春，不知其數。只云遇務而添酒一倍②，逢花而飲三斗四升。今遇務逢花俱各四次，酒盡壺空。問：元携酒幾何？

答曰：三斗一升八合七勺半。

術曰：假令元酒三斗二升，有餘二升；令之元酒三斗，不足三斗，乃以盈

||| ー 三斗　　||| 三
　　 二升　　　　斗

不足術求之。依圖布算　 ＝ 盈　 ||| 少三斗
　　　　　　　　　　　　二升　　　斗　 。維乘，上二位相併，得一碩二升爲實。

以盈不足相併，得三斗二升爲法。實如法而一。按元酒三斗二升，倍之，內減三斗四升，餘三斗。又倍之，又減三斗四升，餘二斗六升。又倍，又減三斗四升，餘一斗八升。又倍，又減三斗四升，外多二升，故曰有餘。令之三斗，倍之，減三斗四升，餘二斗六升。又倍，又減三斗四升，餘一斗八升。又倍，又減三斗四升，餘二升。又倍得四升，反減三斗四升，外少三斗，故曰不足。合問③。

---

①根據題意，可知：

$$甲米 + 乙粟 = 45 斗$$
$$甲米 + 糯米 = 34.4 斗$$

假設甲米爲21斗，乙粟當爲24斗，化成糯米爲：

$$24 \times 0.6 = 14.4 斗$$

則：

$$甲米 + 糯米 = 21 + 14.4 = 35.4 斗$$

與34.4斗相比，贏餘1斗。假設甲米爲15斗，乙粟當爲30斗，則：

$$甲米 + 糯米 = 15 + 30 \times 0.6 = 33 斗$$

與34.4斗相比，不足1.4斗。進而，轉化成盈不足問題，用盈不足公式解得甲米：

$$\frac{M}{N} = \frac{m_2 p_1 + m_1 p_2}{p_1 + p_2} = \frac{15 \times 1 + 21 \times 1.4}{1 + 1.4} = \frac{44.4}{2.4} = 18.5 斗$$

求得乙粟爲26.5斗。

②務，宋元時期指酒鋪。

③假設原來有酒3.2斗，經過四次添酒和飲酒，剩酒斗數爲：

$$\{[(3.2 \times 2 - 3.4) \times 2 - 3.4] \times 2 - 3.4\} \times 2 - 3.4 = 0.2 斗$$

和原來酒盡相比，贏餘0.2斗。假設原來有酒3斗，剩酒斗數爲：

$$\{[(3 \times 2 - 3.4) \times 2 - 3.4] \times 2 - 3.4\} \times 2 - 3.4 = -3 斗$$

和原來酒盡相比，不足3斗。用盈不足術求得原有酒斗數爲：

$$\frac{M}{N} = \frac{m_2 p_1 + m_1 p_2}{p_1 + p_2} = \frac{3 \times 0.2 + 3.2 \times 3}{0.2 + 3} = \frac{10.2}{3.2} = 3.1875 斗$$

8. 今有松竹並生，只云松初日長五尺，竹長二尺，松日自半，竹日自倍。問：松竹幾何日而長等？

答曰：二日九分日之二；　　　各長七尺七寸九分寸之七。

術曰：假令二日，不足一尺五寸；令之三日，有餘五尺二寸五分，乃以盈不足術求之。依圖布算。維乘，上二位併，得一丈五尺爲實。併盈不足，得六尺七寸半爲法。實如法而一。不滿法者，各以七寸半約之，得日數也。求長者，各以第三日所長，以日分子乘之，如日分母而一，各得日分子之長。又各增二日長數，得松竹等長也。按此二日，松長七尺五寸，竹長六尺，乃竹不及松長一尺五寸，故曰不足。令之三日，松長八尺七寸半，竹長一丈四尺，乃竹却過松五尺二寸半，故曰有餘。合問①。

9. 今有鵝鴨九十九隻，直錢九百三文。只云鵝九隻直錢一百二十三文，鴨六隻直錢四十六文。問：二色及各價幾何？

答曰：鵝二十四隻；直錢三百二十八文。

　　　鴨七十五隻；直錢五百七十五文。

術曰：假令鵝二十七隻，鴨七十二隻，有餘錢一十八文；若令鵝二十一

---

①假設 2 日松竹等長，求得 2 日竹長爲：

$$2 + 4 = 6 \text{尺}$$

松長爲：

$$5 + 2.5 = 7.5 \text{尺}$$

與松長相比，竹長不足 1.5 尺。假設 3 日松竹等長，求得 3 日竹長爲：

$$2 + 4 + 8 = 14 \text{尺}$$

松長爲：

$$5 + 2.5 + 1.25 = 8.75 \text{尺}$$

與松長相比，竹長有餘 5.25 尺。用盈不足術求得日數：

$$\frac{M}{N} = \frac{m_2 p_1 + m_1 p_2}{p_1 + p_2} = \frac{3 \times 1.5 + 2 \times 5.25}{1.5 + 5.25} = \frac{15}{6.75} = 2\frac{2}{9} \text{日}$$

求得松竹等長爲：

$$2 + 4 + 8 \times \frac{2}{9} = 5 + 2.5 + 1.25 \times \frac{2}{9} = 7\frac{7}{9} \text{尺} = 7 \text{尺} 7\frac{7}{9} \text{寸}$$

隻，鴨七十八隻，不足錢一十八文，乃以盈不足術求之。依圖布算

≡╥ 鵝 ≡｜

⊥｜｜ 鴨 ⊥╥

一╥ 錢 一╥。維乘，左上得四百八十六，右上得三百七十八，併之，得八百六十四。左中得一千二百九十六，右中得一千四百四，併之，得二千七百，各自爲實。併盈不足，得三十六爲法而一，上爲鵝數，中爲鴨數。按此鵝二十七隻①，直錢三百六十九文；鴨七十二隻，直錢五百五十二文，併之，共得九百二十一文。課於九百三文，外多一十八文，故曰有餘。若令鵝二十一隻，直錢二百八十七文；鴨七十八隻，直錢五百九十八文，併之，共得八百八十五文。課於九百三文，外少一十八文，故曰不足。合問②。

方程正負門③ 九問

1. 今有羅四尺，綾五尺，絹六尺，直錢一貫二百一十九文；羅五尺，綾六尺，絹四尺，直錢一貫二百六十八文；羅六尺，綾四尺，絹五尺，直錢一貫二百六十三文。問：羅、綾、絹尺價各幾何？

答曰：羅九十八文；　　綾八十五文；

絹六十七文。

---

① 按，銅活字本誤作"接"，據各本改。

② 此題與第八問米粟題相似。假設鵝 27，鴨 72，求得錢數爲：

$$27 \times \frac{123}{9} + 72 \times \frac{46}{6} = 921 \text{ 文}$$

比 903 文多 18 文。假設鵝 21，鴨 78，求得錢數爲：

$$21 \times \frac{123}{9} + 78 \times \frac{46}{6} = 885 \text{ 文}$$

比 903 文少 18 文。用盈不足術，求得鵝數爲：

$$\frac{18 \times 27 + 18 \times 21}{18 + 18} = 24 \text{ 隻}$$

求得鴨數爲：

$$\frac{18 \times 72 + 18 \times 78}{18 + 18} = 75 \text{ 隻}$$

③ 方，并也。程，劉徽《九章算術》方程章注云："課程也。" 課程即考核的標準，程即標準之義。方程，意思是將諸物之間的數量關係並列起來，考察其度量標準。相當於今之綫性方程組。

術曰：依圖布算一‖⊥‖‖錢一‖⊥Ⅲ錢一‖一Ⅲ錢。便以右行直
減中左二行，中行羅正一，綾正一，絹負二，錢正四十九；左行羅正二，綾
負一，絹負一，錢正四十四。又以右上羅四尺遍因中左二行，仍用右行同減
異加中行①，羅空，綾負一，絹負十四，錢負一貫二十三文②。又以右行二次
同減異加左行，羅空，綾負十四，絹負十六，錢負二貫二百六十二文③。又以
中行綾十四次直減左行，羅綾空，餘絹一百八十尺，錢一十二貫六十文。上
法下實而一，得絹尺價。以乘中行絹，就減中行錢，餘即綾尺價。就乘右行
綾五尺，得四百二十五，以減右下錢。又以絹尺價乘右行絹六尺，得四百二

---

①同減異加，指正負號爲同號者相減，爲異號者相加。
②綾負、絹負、錢負，金刻本、金鈔本、羅刻本"負"作"正"，二式等價。
③綾負、絹負、錢負，金刻本、金鈔本、羅刻本"負"作"正"，二式等價。

文。又減右下錢，餘三百九十二文，以四約之，得羅尺價。合前問①。

2. 今有二馬、三牛、四羊，價各不滿 ·萬。若馬添牛一，牛添羊一，羊添馬一，各滿一萬。問：三色各一價錢幾何？

答曰：馬三千六百文；　　牛二千八百文；

　　　　羊一千六百文。

---

① 前，金刻本、金鈔本、羅刻本無。此題爲三色方程，根據題意列式如下：

	羅	綾	絹	價
右	4	5	6	1219
中	5	6	4	1268
左	6	4	5	1263

中行與左行分別減去右行，得：

	羅	綾	絹	價
右	4	5	6	1219
中	1	1	-2	49
左	2	-1	-1	44

用右行羅價係數4乘中行和左行各項，得：

	羅	綾	絹	價
右	4	5	6	1219
中	4	4	-8	196
左	8	-4	-4	176

右行與中行對減、右行與左行對減2次，得：

	羅	綾	絹	價
右	4	5	6	1219
中		-1	-14	-1023
左		-14	-16	-2262

中行、左行對減14次，得：

	羅	綾	絹	價
右	4	5	6	1219
中		1	14	1023
左			180	12060

左行只有絹和價，解得絹尺價爲67文。代入中行，解得綾尺價爲85文。絹、綾尺價代入右行，解得羅尺價爲98文。

馬二　空　　借馬一
借牛一　牛三　〇空
〇空　借羊一　羊四
錢一萬　錢一萬　錢一萬

術曰：依圖布算｜｜｜。以右上馬二遍因左行，以右行直減之，馬空，牛負一，羊正八，錢正一萬。又以中行牛三遍因左行，以中行異減同加左行，馬牛位空，餘羊二十五，錢四萬。上法下實而一，得羊價。中行錢內減一羊價，餘以三約之，得牛價。右行錢內減一牛價，餘半之，即馬價。合問①。

3. 今有四兔三雞，價過一千，多半兔之價；三兔四雞，價不滿一千，少半雞之價。問：雞兔各一直錢幾何？

答曰：兔二百二十二文二十七分文之六；

　　　雞七十四文二十七分文之二。

---

① 根據題意，列式如下：

	馬	牛	羊	價
右	2	1		10000
中		3	1	10000
左	1		4	10000

左行乘 2，與右行相減：

	馬	牛	羊	價
右	2	1		10000
中		3	1	10000
左		-1	8	10000

左行乘 3，與中行相加。牛的係數一正一負，其他各項係數異號相減、同號相加，即 "異加同減"，得：

	馬	牛	羊	價
右	2	1		10000
中		3	1	10000
左			25	40000

解得羊價爲 1600 文。代入中行，解得牛價爲 2800 文。牛價代入右行，解得馬價爲 3600 文。

術曰：依圖布算━錢━。乃七兔六雞，直錢二千；六兔九雞，亦直錢二千。先以左行直減右行，訖，却以左上六遍因右行，仍以左行同減異加右行。右下錢位空，正無人負之。右上兔空，餘雞二十七，錢二千。上法下實而一，得雞價。就通分內子，得二千，以乘左行雞九，得一萬八千，寄位。又分母二十七通左行錢，得五萬四千，內減寄位，餘三萬六千。以六而一，得六千，以分母二十七約之，得兔價。合問①。

---

①設兔價爲 x，雞價爲 y，根據題意得：

$$\begin{cases} 4x + 3y = 1000 + \dfrac{1}{2}x \\ 3x + 4y = 1000 - \dfrac{1}{2}y \end{cases}$$

即：

$$\begin{cases} 7x + 6y = 2000 \\ 6x + 9y = 2000 \end{cases}$$

列式如下：

	兔	雞	價
右	7	6	2000
左	6	9	2000

右行減去左行，得：

	兔	雞	價
右	−1	3	
左	6	9	2000

右行乘 6，與左行相加，得：

	兔	雞	價
右		27	2000
左	6	9	2000

解得雞價爲：

$$y = \frac{2000}{27} = 74\frac{2}{27} 文$$

代入左行，解得兔價爲：

$$x = \frac{6000}{27} = 222\frac{6}{27} 文$$

4. 今有五雞四兔，共重十斤半，兔重雞輕，交換其一，秤之重適等①。問：雞兔各一重幾何？

答曰：雞一十五兩一十一分兩之三；　　兔一斤六兩一十一分兩之十。

術曰：依圖布算 。乃四雞一兔，重八十四兩；一雞三兔，亦重八十四兩。以右上雞四遍因左行，仍以右行直減之。左上雞空，餘兔十一，重二百五十二兩。上法下實而一，得兔重。通分內子，得二百五十二，寄位。以分母十一通右下重，得九百二十四，以減寄位，餘六百七十二。以四而一，得一百六十八。又以分母十一約之，得雞重。不滿法者命之。合問②。

5. 今有甲乙丙持絲，不知其數。甲云得乙絲強半、丙絲弱半，滿一百四十八斤；乙云得甲絲弱半、丙絲強半，滿一百二十八斤；丙云得甲絲強半、乙絲弱半，滿一百三十二斤。問：甲乙丙各絲幾何？

答曰：甲八十四斤；　　乙六十八斤；

丙五十二斤。

術曰：依圖布算 。以左行直減右行，餘

---

①称，銅活字本誤作"科"，據各本改。

②設雞價爲 x，兔價爲 y，根據題意得：

$$4x + y = 3y + x = \frac{168}{2} = 84$$

即：

$$\begin{cases} 4x + y = 84 \\ 3y + x = 84 \end{cases}$$

依法求得：

$$\begin{cases} x = 15\frac{3}{11} \\ y = 22\frac{10}{11} \end{cases}$$

甲正一，乙正二，丙負三①，絲正一十六。又以左上三遍乘中右二行，仍以左行減之，中上甲空，乙正十一，丙正五，絲正二百五十二；右上甲空，乙正五，丙負十三，絲負八十四。又以中行乙十一遍乘右行，仍以中行五次同減異加，甲乙空，餘丙一百六十八，絲二千一百八十四。上法下實而一，得一十三斤。乃一分之率也。四之，即丙絲。以十三乘中行丙五，以減中行絲，餘者十一除之，四因，得乙絲②。又十三乘左行丙四，以減左行絲，又減乙一十七斤，餘以三約之，四因，即甲絲。合問③。

6. 今有紅錦四尺，青錦五尺，黃錦六尺，價皆過三百文。只云紅錦四尺，價過青錦一尺；青錦五尺，價過黃錦一尺；黃錦六尺，價過紅錦一尺。問：三色各一尺價錢幾何④?

　　答曰：紅錦九十三文一百一十九分文之三十三；

　　　　　青錦七十三文一百一十九分文之一十三；

　　　　　黃錦六十五文一百一十九分文之六十五。

---

①負，銅活字本誤作"貟"，即"員"，據各本改。
②絲，銅活字本誤作"孫"，據各本改。
③設甲絲爲 x，乙絲爲 y，丙絲爲 z，根據題意列：

$$\begin{cases} x + \dfrac{3}{4}y + \dfrac{1}{4}z = 148 \\ \dfrac{1}{4}x + y + \dfrac{3}{4}z = 128 \\ \dfrac{3}{4}x + \dfrac{1}{4}y + z = 132 \end{cases}$$

即：

$$\begin{cases} 4x + 3y + 1z = 148 \times 4 \\ x + 4y + 3z = 128 \times 4 \\ 3x + y + 4z = 132 \times 4 \end{cases}$$

依法求得：

$$\begin{cases} x = 84 \\ y = 68 \\ z = 52 \end{cases}$$

④價錢，金刻本、金鈔本、羅刻本無"價"字。

術曰：依圖布算 ‖‖ ⌐ ‖ ⌐ ⌐ 。以右上紅四遍乘左行，仍用右行異減同加，負無人負①。左上空，青負一，黃正二十四，錢正一千五百。又以中行五遍乘左行，亦以中行直減之②，餘黃錦一百一十九尺，錢七千八百文。上法下實而一，得黃錦尺價。通分內子，得七千八百，寄左。又以一百一十九通中行錢，得三萬五千七百，加入寄左，共得四萬三千五百。以五而一，得八千七百，以分母約之，得青錦尺價。又以分母通右行錢，又加入八千七百，共得四萬四千四百。以四而一，得一萬一千一百，以分母約之，得紅錦尺價也。合問③。

7. 今有人賣綾三羅五，以買十二絹，餘錢一萬；賣綾四絹四，以買七羅，適足；賣羅二絹四，以買六綾，少錢一萬。問：綾羅絹價各幾何？

答曰：綾二千八百；　　　羅二千；

　　　絹七百。

---

①無，金刻本、金鈔本、羅刻本作"毋"。按：毋，同"無"。負無人負，見本書"總括"。無人，即無對。右行與左行相加，右行的青錦在左行沒有與之相對應的同類項，本來爲負數的青錦，仍舊作負數。

②直減，諺解本作"異減同加"。

③設紅錦尺價爲 x，青錦尺價爲 y，黃錦尺價爲 z，根據題意得：

$$\begin{cases} 4x - y = 300 \\ 5y - z = 300 \\ -x + 6z = 300 \end{cases}$$

依法求得：

$$\begin{cases} x = 93\dfrac{33}{119} \\ y = 73\dfrac{13}{119} \\ z = 65\dfrac{65}{119} \end{cases}$$

術曰：依圖布算 𝈽少 ○空 │餘錢。以右行直減中行，同減異加，依正負術入之。却三之，又以右行減之，綾空，餘羅負四十一，絹正六十，錢負四萬①。又以右行二度直減左行②，綾空。又以中行羅四十一遍乘左行，仍以中行十二度減之③，綾羅空，餘絹一百，錢七萬。上法下實而一，得絹價。以乘中行絹六十，得數，加入四萬，共得八萬二千，以四十一除之，得羅價。以絹價乘右行絹十二，得數，加入一萬，共得一萬八千四百，內減五羅價一萬，餘以三約之，得綾價。合問④。

8. 今有直田⑤，勾弦和取二分之一，股弦和取九分之二，共得五十四步；又勾弦和取六分之一，減股弦和三分之二，餘有四十二步。問：勾股弦各幾何？

答曰：勾二十七步； 股三十六步；

弦四十五步。

術曰：前分母十八乘共步，得九百七十二；乃是九箇勾弦和、四箇股弦和。又後分母乘餘數，得七百五十六。是三勾弦和減十二股弦和數。如方程正負入之。依

---

①羅負、絹正、錢負，金刻本、金鈔本、羅刻本依次作"羅正""絹負""錢正"，二式等價。

②直減，諺解本作"異減同加"。

③減，諺解本作"異減同加"。

④設綾、羅、絹價分別爲 x、y、z，根據題意得：

$$\begin{cases} 3x + 5y - 12z = 10000 \\ 4x - 7y + 4z = 0 \\ -6x + 2y + 6z = -10000 \end{cases}$$

依法求得：

$$\begin{cases} x = 2800 \\ y = 2000 \\ z = 700 \end{cases}$$

⑤直田，長方形田地，橫、縱兩邊分別爲勾和股，對角邊爲弦。

圖布算 以右行三次異減同加左行，左中得股弦和四十
箇，左下得三千二百四十步。上法下實而一，得股弦和八十一步。就以十二
乘之，得數，以減右下七百五十六，餘二百一十六，以三約之，得勾弦和七
十二步也。以股弦和乘而倍之，得一萬一千六百六十四爲實。乃弦和和冪也①。
以一爲廉，平方開之，得一百八步。即弦和和。副置，上位減股弦和，即勾；
下位減勾弦和，即股。又勾弦和内減勾，餘即弦。合問②。

9. 今有直田，勾弦和取七分之四，股弦和取七分之六，二數相減，餘二
十二步；又股弦和取三分之一，不及勾弦和八分之五一十四步。問：勾股弦
各幾何？

答曰：勾二十一步； 　　股二十八步；

　　　　弦三十五步。

術曰：以前分母四十九乘餘數，得一千七十八；乃是四十二箇股弦和内減二十八箇
勾弦和餘數。又以後分母二十四乘不及步數，得三百三十六。乃是八箇股弦和減一十五箇

---

① 弦和和，弦與勾股和之和，即 $(a+b+c)$。
② 勾股弦分別爲 a、b、c，勾弦和爲 $(a+c)$，股弦和爲 $(b+c)$，設勾弦和爲 m，股弦和爲 n，根據
題意列：

$$\begin{cases} \dfrac{1}{2}m + \dfrac{2}{9}n = 54 \\ \dfrac{1}{6}m - \dfrac{2}{3}n = 42 \end{cases}$$

兩式各項用 18 通之，得：

$$\begin{cases} 9m + 4n = 972 \\ 3m - 12n = 756 \end{cases}$$

依法求得：

$$\begin{cases} a + c = m = 72 \\ b + c = n = 81 \end{cases}$$

求得弦和和爲：

$$a + b + c = \sqrt{2(a+c)(b+c)} = \sqrt{2 \times 72 \times 81} = 108$$

勾股弦各數依法易求。

勾弦和餘數也。如方程正負術入之。依圖布算一〇⊥〣步數 ‖‖‖〣丅步數。以右上遍乘左行，仍以右行異減同加左行[1]，左中餘四百六，左下二萬五千五百七十八。上法下實而一，得六十三步。乃股弦和。八之，加入右下，得數，以十五約之，得五

〇

十六步。即勾弦和。立天元一爲弦 ‖[2]，以減股弦和，餘爲股；以減勾弦和，餘

爲勾 〤[3]，自之爲勾冪 ‖[4]。又列股，自乘爲股冪 ‖[5]。

併入勾冪，與弦冪相消，得開方式 ‖[6]。平方開之，得弦。減股弦

---

①諺解本"右行"下補"一十五次"四字。

②立天元一，即設立未知數 x。天元式，分上下兩層，上層代表常數項，下層代表一次項係數。上層空，表示常數項爲0；下層爲1，表示一次項 x 係數爲1。此式即表示 x。

③此式上層爲56，下層爲-1，表示常數項56，一次項係數爲-1，用現代數學符號表示爲：$56 - x$。

④此式分爲上中下三層，上層3136爲常數項，中層-112爲一次項 x 係數，下層1爲二次項 x^2 係數，用現代數學符號表示爲：$3136 - 112x + x^2$，即前式平方所得：

$$(56 - x)^2 = 3136 - 112x + x^2$$

⑤此式上層常數項爲3969，中層一次項係數爲-126，下層二次項係數爲1，用現代數學符號表示爲：$3969 - 126x + x^2$。

⑥開方式用現代數學符號表示爲：$7105 - 238x + x^2 = 0$，由勾冪 $3136 - 112x + x^2$ 加股冪 $3969 - 126x + x^2$，與弦冪 x^2 相消所得，即：

$$(3136 - 112x + x^2) + (3969 - 126x + x^2) = x^2$$

整理後即得此開方式。

和，即股；減勾弦和，即勾。合問①。

開方釋鎖門②三十四問

1. 今有平方冪四千九十六步。問：爲方面幾何？

答曰：六十四步。

術曰：列冪四千九十六步爲實，借一算於六步之下，名曰廉法③。常超一位，至百步下止④。乃上商六十，於廉法之上、實數之下，亦置六百，名曰方法。乃命上商，除實三千六百⑤，實餘四百九十六。倍方法得一千二百，一退

---

①設勾弦和爲 m ，股弦和爲 n ，根據題意得：

$$\begin{cases} -\dfrac{4}{7}m + \dfrac{6}{7}n = 22 \\ \dfrac{5}{8}m - \dfrac{1}{3}n = 14 \end{cases}$$

分別用49、24通分，得：

$$\begin{cases} -28m + 42n = 924 \\ 15m - 8n = 336 \end{cases}$$

依法求得：

$$\begin{cases} m = 56 \\ n = 63 \end{cases}$$

用天元一術，設弦長爲 x ，列式如下：

$$(m - x)^2 + (n - x)^2 = x^2$$

即：

$$(56 - x)^2 + (63 - x)^2 = x^2$$

整理得開方式：

$$7105 - 238x + x^2 = 0$$

開得弦長 $x = 35$ 。

②鎖，銅活字本誤作 "銷"，據各本改。此門收錄各種開方類算題及涉及開方運算的應用問題，其中從第八問起到結尾的二十七問全部用天元術解題。此門爲全書的重點。

③這句話的意思是：借來一個算籌，對應被開方數中的個位數 "六"，放在下一行，作爲廉法。算，算籌。廉法，這裏指二次項的係數。

④超一位，即隔一位。借來的算籌，從被開方數（實）的個位起，向左隔一位移動一次，移至百位爲止，以此來確定商的位數。超至個位，商一位數；超至百位，商兩位數；超至萬位，商三位數。依此類推。

⑤命上商，指用方法600與初商6相乘，得3600，從被開方數（實）中減去。除，減。

得一百二十①，廉法再退②。又上商四步，於廉法之上、實數之下，亦置四步，方法得一百二十四。乃命上商，除實恰盡③。合問④。

2. 今有立方冪一萬七千五百七十六尺。問：爲方面幾何？

答曰：二十六尺。

術曰：列冪一萬七千五百七十六尺爲實，借一算於六尺之下，名曰隅

---

①一退，指方法向右退一位，由 1200 變爲 120。
②再退，退兩位。指借算 1 退兩位，從百位移到個位。
③用方法 124 與次商 4 相乘，得 496，減實恰盡。
④籌算開方法最早見於《九章算術》少廣章。根據術文，開平方過程表示如下：

	千	百	十	步	
商			6		借 1 算置於 6 步之下，爲廉法；
實	4	0	9	6	超一位，移到百位；
方法		6			初商 6，置於十位；
廉法		1			初商 6 乘借算 100，得 600，爲方法

	千	百	十	步	方法 600 與初商 6 相乘，得 3600，減實餘 496；
商			6	4	方法 600 加倍得 1200，退一位得 120；
實		4	9	6	借算退兩位，從百位移到個位；
方法		1	2		次商 4，置於初商 6 之後
廉法				1	

	千	百	十	步	
商			6	4	次商 4 乘借算 1，得 4，加入方法，得 124；
實					方法 124 乘次商 4，得 496，減實恰盡；
方法		1	2	4	開平方結果爲：64
廉法				1	

平方積如圖 3-6 所示，初商爲 a，次商爲 b，原積（實）爲：

$$S = (a + b)^2 = a^2 + 2ab + b^2$$

初商積爲：

$$a^2 = 60^2 = 3600$$

次商積爲：

$$2ab + b^2 = (2a + b)b = (2 \times 60 + 4) \times 4 = 496$$

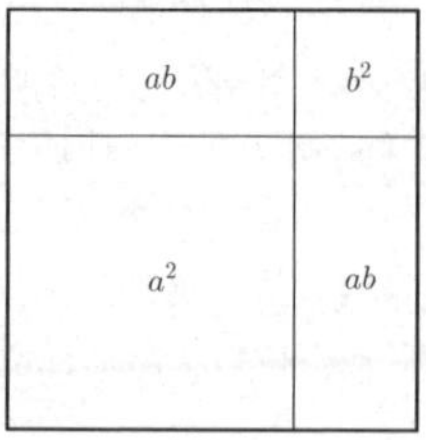

ab	b^2
a^2	ab

圖 3-6

法①。常超二位約實②，至千尺下止。乃上商二十，以隅法因上商二十，得二千於隅法之上、方法之下，名曰廉法。又廉法因上商二十，得四千於廉法之上、實數之下，名曰方法。乃命上商，除實八千，實餘九千五百七十六。以隅法因上商二十，加入廉法；又廉法因上商二十，加入方法；又隅法因上商二十，加入廉法，方法得一萬二千，廉法得六千。方法一退，廉法再退，隅法三退。續又上商六尺，以隅法因上商六尺，加入廉法；又廉法因上商六尺，

①隅法，這裏指三次項的係數。

②超二位，即隔二位移動一次借算。移動至個位，商一位；移動至千位，商二位；移動至百萬位，商三位。依此類推。

加入方法，得一千五百九十六。乃命上商，除實恰盡。合問①。

①根據術文，開立方過程如下所示：

	萬	千	百	十	尺	
商				2		借1算置於6尺之下，爲隅法；
實	1	7	5	7	6	超二位，移到千位；
方法		4				初商2，置於十位；
廉法		2				初商2乘借算1000，得2000，爲廉法；
隅法		1				廉法2000乘初商2，得4000，爲方法

	萬	千	百	十	尺	
商				2		方法4000乘初商2，得8000；
實		9	5	7	6	減實17576，餘9576；
方法	1	2				隅法1000乘初商2，得2000，加入廉法，得4000；
廉法		6				廉法4000乘初商2，得8000，加入方法，得12000；
隅法		1				隅法1000乘初商2，加入廉法，得6000

	萬	千	百	十	尺	
商				2	6	方法退1位，廉法退2位，隅法退3位；
實		9	5	7	6	次商6，置於初商2之後；
方法		1	5	9	6	隅法1乘次商6，得6，加入廉法，得66；
廉法				6	6	廉法66乘次商6，得396，加入方法，得1596
隅法					1	

	萬	千	百	十	尺	
商				2	6	
實						方法1596乘次商6，得9576，減實恰盡；
方法		1	5	9	6	開立方結果爲：26
廉法				6	6	
隅法					1	

立方積如圖 3-7 所示，設初商爲 a，次商爲 b，原積（實）爲：

$$S = (a+b)^3 = a^3 + 3a^2b + 3ab^2 + b^3 = a^3 + [3a^2 + (3a+b)b]b$$

初商積爲：

$$a^3 = 20^3 = 8000$$

次商積由三平廉（斜線部分）、三長廉（白色部分）、一隅（灰色部分）構成，得：

$$[3a^2 + (3a+b)b]b = [3 \times 20^2 + (3 \times 20 + 6) \times 6] \times 6 = (1200 + 396) \times 6 = 1596 \times 6 = 9576$$

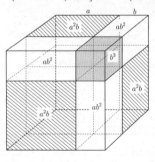

圖 3-7

3. 今有積五萬九千四百一十四步一十六分步之一。問：爲平方面幾何？

答曰：二百四十三步四分步之三。

術曰：列全步，通分内子，得九十五萬六百二十五爲實。以一爲廉，平方開之，得九百七十五。乃每面積分也。又列分母爲實，一爲廉，平方開之，得四，報除①，得二百四十三步。不滿法者命之。合問②。

4. 今有積一十三萬三千七百六十八尺三百四十三分尺之二百八十八。問：爲立方面幾何？

答曰：五十一尺七分尺之一。

術曰：列全步，通分内子，得四千五百八十八萬二千七百一十二爲實。以一爲隅，立方開之，得三百五十八。乃每面方積分。又列分母爲實，一爲隅，立方開之，得七，報除，不滿法者命分。合問③。

5. 今有積一百一十二萬九千四百五十八尺六百二十五分尺之五百一十一。問：爲三乘方幾何？

答曰：三十二尺五分尺之三。

術曰：列全步，通分内子，得七億五百九十一萬一千七百六十一爲實。以一爲隅，三乘方開之，得一百六十三。乃每面方積分。又列分母爲實，以一爲隅，開三乘方而一，得五，報除。合問④。

6. 今有積五百八十八步。問：爲圓田徑幾何？

答曰：二十八步。

術曰：列積，四之，三而一，得七百八十四爲實。以一爲廉，平方開之，

---

①報除，《九章算術》方田章第 21 問劉徽注云："又以子有所乘，故母當報除。報除者，實如法而一也。"報，回報。報除即回報以除。

②此題爲分數開平法，運算過程如下所示：

$$\sqrt{59414\frac{1}{16}} = \sqrt{\frac{950625}{16}} = \frac{\sqrt{950625}}{\sqrt{16}} = \frac{975}{4} = 243\frac{3}{4}$$

③此題爲分數開立方，運算過程如下所示：

$$\sqrt[3]{133768\frac{288}{343}} = \sqrt[3]{\frac{45882712}{343}} = \frac{\sqrt[3]{45882712}}{\sqrt[3]{343}} = \frac{358}{7} = 51\frac{1}{7}$$

④開三乘方，即開四次方，平方開兩次。運算過程如下所示：

$$\sqrt[4]{1129458\frac{511}{625}} = \sqrt[4]{\frac{705911761}{625}} = \frac{\sqrt[4]{705911761}}{\sqrt[4]{625}} = \frac{163}{5} = 32\frac{3}{5}$$

得圓徑。合問①。

7. 今有積四百六十八步强半步。問：爲圓周幾何？

答曰：七十五步。

術曰：列全步，通分内子，得一千八百七十五，以十二乘之，得二萬二千五百。又分母四再自乘得六十四，乘之得一百四十四萬，爲實。以一爲廉，平方開之，得一千二百。又分母自乘，得十六而一。合問②。

8. 今有直田八畝五分五釐，只云長平和得九十二步③。問：長平各幾何？

答曰：平三十八步；　　長五十四步。

術曰：立天元一爲平｜④，以減云數，餘爲長，用平乘，起爲積，

寄左。列畝，通步⑤，與寄左相消，得開方式⑥。平方開之，得平。

---

①根據圓田直徑求積公式：

$$S = \frac{3}{4}d^2$$

得圓徑：

$$d = \sqrt{\frac{4S}{3}} = \sqrt{\frac{4 \times 588}{3}} = \sqrt{784} = 28$$

②根據圓田圓周求積公式：

$$S = \frac{C^2}{12}$$

得圓周：

$$C = \sqrt{12S} = \sqrt{12 \times 468\frac{3}{4}} = \sqrt{\frac{22500}{4}} = \sqrt{\frac{22500 \times 4^3}{4^4}}$$

$$= \frac{\sqrt{1440000}}{4^2} = \frac{1200}{16} = 75$$

③長爲直田的縱長，平爲直田的横寬，二者即長方形的長和寬。

④天元式中“太極”二字，各本無。在籌算式中“太極”標識的行表示常數項，常省作“太”。

⑤根據畝法：1 畝 = 240 平方步，得：

　　　　　8 畝 5 分 5 釐 = 8.55 畝 = 8.55 × 240 = 2052 平方步

⑥開方式上層-2052，金刻本、金鈔本、羅刻本誤作正數，羅士琳《識誤》云：“案：上層實二千五十二當爲負，誤作正。”

以減和步，即長。合問①。按此以古法演之，和步自乘得八千四百六十四，乃是四段直積、一段較冪也。列積，四之，得八千二百八，減之，餘有較冪二百五十六爲實。以一爲廉，平方開之，得較一十六步。加和，半之，得長。長內減較，即平也②。今以天元演之，明源活法，省功數倍。假立一算於太極之下，如意求之，得方廉隅從正負之段，乃演其虛積相消相長，而脫其真積也。予故於逐問備立細草③，圖其縱橫，明其正負，使學者粲然易曉也。

9. 今有直田五畝八十八步，只云長平併之，得七十四步。問：較步幾何？

答曰：十八步。

術曰：立天元一爲較

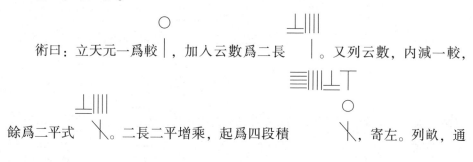

，加入云數爲二長

。又列云數，內減一較，

餘爲二平式

。二長二平增乘，起爲四段積

，寄左。列畝，通

---

①設直田平爲 x，根據題意，列式如下：

$$x(92 - x) = 2052$$

整理得：

$$-x^2 + 92x - 2052 = 0$$

以二次項係數-1爲廉法，一次項係數92爲從方，由上至下分列五行，分別爲商、實、方法、從方、廉法，用減從開平方術開之，得：$x = 38$。

②如圖 3-8，4 段直田首尾相抵，圍成一個正方形。大正方形邊長爲直田長平和 $(a + b)$，小正方形邊長爲長平較 $(a - b)$，則得：$(a + b)^2 = 4ab + (a - b)^2$。

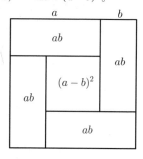

圖 3-8

③立，諺解本作"其"。

步內子，四之，與寄左相消，得開方式 ⟍⟋，平方開之，得較。合問①。

　　10. 今有直田四畝九分，只云長平差二十五步。問：長平各幾何？

　　答曰：平二十四步；　　　長四十九步。

　　術曰：立天元一爲平│，加入云數，爲長。以平乘，起爲積　│，寄左。

列畝，通步，與寄左相消，得開方式　　　　　│②。平方開之，得平，加差即長。合問③。

　　11. 今有直田六畝一十六步，只云長平較三十步。問：長平和幾何？

　　答曰：和八十二步。

------

①較，即長平差 $a-b$。設較爲 x，據題意得：
$$\begin{cases} 2a = 74 + x \\ 2b = 74 - x \end{cases}$$

則：
$$4ab - (74 + x)(74 - x) = 5476 - x^2$$

又：$4ab = 4 \times (5 \times 240 + 88) = 4 \times 1288 = 5152$，得：
$$5476 - x^2 = 5152$$

得開方式爲：
$$324 - x^2 = 0$$

開得 $x = 18$。

②開方式上層爲 -1176，金鈔本不誤，金刻本、羅刻本作正數，羅士琳《識誤》云：“案：上層實一千一百七十六當爲負，誤作正。”

③設平爲 x，根據題意，列式如下：
$$x(x + 25) = 1176$$

整理得：
$$x^2 + 25x - 1176 = 0$$

以二次項係數 1 爲廉法，一次項係數 25 爲從方，開帶從平方，得：$x = 24$。

術曰：立天元一爲和 ▮，加入云數，爲二長 〇／。別列和，内減云數

▮①，餘爲二平。以二長二平增乘，起爲四段積 ▮，寄左。列畞，通

步内子，四之，與寄左相消，得開方式 ▮。平方開之，得和。
合問②。

12. 今有方圓田各一段，共地九畞四分五釐，只云方田面與圓田徑適等。
問：方面圓徑各幾何？

答曰：方面圓徑各三十六步。

術曰：立天元一爲方面，亦爲圓徑 ▮，自之，爲方積 ▮，寄左。又列圓

徑，自之，三因，四而一，爲圓積 〇▮||||。加入寄左，得式 ▮▮||||，再寄。

---

①内減云數，銅活字本及金刻本、金鈔本、羅刻本"内"俱作"以"。羅士琳《識誤》云："案：云
　數非本數，據術，'以減'當作'内減'。"按："云數"即題設長平較三十步。長平和内減長平較，
　餘爲二平，即：$(a+b)-(a-b)=2b$。若作"以減"，則是以長平較減去長平和，即：$(a-b)-(a$
　$+b)$，於理不通。羅校爲是，諺解本即作"内"，據改。
②設長平和 $a+b=x$，根據題意，列式如下：
$$(x-30)\times(x+30)=4\times1456$$
　整理得：
$$x^2-6724=0$$
　開得：
$$x=82$$

$$\text{二||⊥|⫪二}$$

$$\bigcirc$$

列畝，通步，與再寄相消，得開方式　$|⊥||||$。平方開之，得方面圓徑。合問①。

13. 今有方圓田各一段，共地七畝二十八步，只云方面不及圓徑一十三步。問：圓徑方面各幾何？

答曰：圓徑三十八步；　　方面二十五步。

$$|⊥\text{⫪}$$
$$\bigcirc \qquad\qquad =\text{⊤}$$

術曰：立天元一爲圓徑$|$，減不及，餘爲方面，自之　$|$。就分四之，

$$\text{⊤⊥⊤}$$
$$|\text{О}\text{Ⅲ}$$

爲四段方積　$||||$，寄左。又列圓徑，自之，三因，亦爲四段圓積$|||$。加

$$\text{⊤⊥⊤}$$
$$|\text{О}\text{Ⅲ}$$

入寄左，得　⫪⫪，再寄。列畝，通步内子，四之，與再寄相消，得開方式

---

①設方田面即圓田徑爲 x，根據題意，列式如下：

$$x^2 + \frac{3}{4}x^2 = 9.45 \times 240$$

整理得：

$$1.75x^2 - 2268 = 0$$

開得：

$$x = 36$$

。平方飜法開之①，得圓徑。減不及，即方面。合問②。

14. 今有直田九畝八分，只云長取八分之五，平取三分之二，相併，得六十三步。問：長平各幾何？

答曰：平四十二步；　　長五十六步。

術曰：依圖布算 。母互乘子，乃得長十五箇、平十六箇。分母相乘，得二十四，以乘六十三，得一千五百一十二。即是一十五長、一十六平數也。立天元一爲平｜，以十六乘之，減云數③，餘爲一十五長。用平乘之，

爲一十五段積，寄左。列畝，通步，以一十五乘之，與寄左相消，

---

①飜法，又叫"飜積"。減根變換之後，常數項由正數變爲負數，稱之爲"飜法"。

②設圓徑爲 x，方面爲 $(x-13)$，根據題意，列式如下：

$$(x-13)^2 + \frac{3}{4}x^2 = 7 \times 240 + 28$$

整理得：

$$4(x-13)^2 + 3x^2 = 4 \times 1708$$
$$(4x^2 - 104x + 676) + 3x^2 = 6832$$
$$7x^2 - 104x - 6156 = 0$$

開得：

$$x = 38$$

③以十六乘之減云數，羅士琳《識誤》云："案：云數非減數，據術，'以'字錯簡，當在'乘之'之下，作'以減云數'。"

得開方式　　　〔rod numerals〕。平方開之，得平。以平除積，得長。合問①。

15. 今有直田一十一畝九分，只云長平和取十一分之二，長平較取十三分之七，較平差取八分之五，多於一平二步。問：長平各幾何？

答曰：平四十二步；　　長六十八步。

術曰：依圖布算〔rod numerals〕。母互乘子，乃得和二百八箇，較六百一十六箇，差七百一十五箇。分母相乘，得一千一百四十四，以多於二步乘之，得二千二百八十八。別得一百九長內減一百二十二平餘數。立天元一爲長｜，一百九之，內減餘數

式　〔rod numerals〕，爲一百二十二段平。以長乘之，爲一百二十二段積

　〔rod numerals〕，寄左。列積，以一百二十二乘之，與寄左相消，得開方式

---

①設長爲 a，平爲 b，根據題意列：

$$\frac{5}{8}a + \frac{2}{3}b = 63$$

用24通之，得：

$$15a + 16b = 1512$$

則：

$$15a = 1512 - 16b$$

設平爲 x，則15倍田積得：

$$15ab = (1512 - 16x)x = 15 \times (9.8 \times 240)$$

整理得：

$$-16x^2 + 1512x - 35280 = 0$$

開得：

$$x = 42$$

120 ｜ 算學啟蒙校注

｜〇Ⅲ。平方飜法開之①，得長。以長除積，得平。合問②。

16. 今有直田一十九畝六分，只云長取強半，平取弱半，和取中半，較取太半，爲共，不及二長二步少半步。問：長平各幾何？

答曰：平五十六步；　　長八十四步。

||||長|||
||||平｜
||和｜

術曰：依圖布算|||較||。母互乘子，得長七十二簡，平二十四簡，和四十八簡，較六十四簡。分母相乘，得九十六，以乘不及，得二百二十四步。別得八長內減八

平，餘八較。今從省，八約之，得二十八步爲一較，即一長內減一平。立天元一爲平｜，

加入二十八步，爲長 ｜，用平乘，起爲積 ｜，寄左。列畝，以二百四

---

①金刻本、金鈔本、羅刻本無“平方”二字。
②設長爲 a，平爲 b，根據題意列：

$$\frac{2}{11}(a+b) + \frac{7}{13}(a-b) + \frac{5}{8}[b-(a-b)] = b + 2$$

通分得：

$$208(a+b) + 616(a-b) + 715[b-(a-b)] = 1144b + 2288$$

整理得：

$$109a - 122b = 2288$$

設長爲 x，則：

$$122ab = (109x - 2288)x = 122 \times (11.9 \times 240)$$

得：

$$109x^2 - 2288x - 348432 = 0$$

開得：

$$x = 68$$

十乘之，與寄左數相消，得開方式 ┃ 。平方開之，得平。以平除積，
得長也①。

17. 今有圓田一段，内有方池容邊而占之②，外餘地八畝六十五步七分
半，只云四弧矢各闊一十三步。問：圓徑池方各幾何？

答曰：圓徑九十一步；　　池方六十五步。

術曰：立天元一爲圓徑 ┃ ，内減倍之云數　 ┃ ，餘爲池方面。自之，就

分四之，爲四段方積　　　 ┃┃┃┃ ，寄左。又列圓徑，自之，三因 ┃┃┃ ，亦爲四段

圓積，内減寄左　　 乂 ，再寄。列畝，通步内子，四之，與再寄相消，

---

①設長爲 a，平爲 b，根據題意列：

$$\frac{3}{4}a + \frac{1}{4}b + \frac{1}{2}(a+b) + \frac{2}{3}(a-b) = 2a - 2\frac{1}{3}$$

用96通分，得：

$$72a + 24b + 48(a+b) + 64(a-b) = 192a - 224$$

整理得：

$$a - b = 28$$

設平爲 x，得：

$$x(x+28) = 19.6 \times 240$$

整理得：

$$x^2 + 28x - 4704 = 0$$

開得：

$$x = 56$$

②容邊而占之，指方池四角與圓田邊緣相接，即方池爲圓田的内接正方形。

得開方式 ⊔。平方開之，得圓徑。內減倍之云數，餘即池方。合問①。

18. 今有方田，內有圓池占之，外餘地二畝六步，只云四角徑各長九步九分。問：池徑、田方各幾何？

答曰：池徑一十八步； 田方二十七步。

術曰：立天元一爲池徑｜，加入倍之云數，爲方斜。就分五之，爲七段

方田 ⍫，自之，爲四十九段方積 ⯗⍫；就分四之，爲一百九十六段

方積也 ｜○○，寄左。又列圓徑，自之，三因，爲四段圓積；就以四十

---

①如圖 3-9，圓內容方，設圓徑爲 x，則方面爲：

$$x - 2 \times 13 = x - 26$$

根據題意，得：

$$\frac{3}{4}x^2 - (x - 26)^2 = 8 \times 240 + 65.75$$

整理得：

$$x^2 - 208x + 10647 = 0$$

開得：

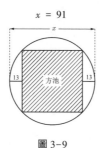

$$x = 91$$

圖 3-9

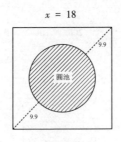

九乘之｜三丌，亦爲一百九十六段圓積。以減寄左，再寄。列

畝，通步內子，以一百九十六乘之，與再寄相消，得開方數式

平方開之，得池徑。加入倍之角徑，五之，七而一，得田方。合問①。

19. 今有直積一千二十四步，只云平除長、長除平二數相併②，得四步二

分半。問：長平各幾何？

答曰：平一十六步；　　　　長六十四步。

---

①如圖 3-10，設圓池徑爲 x，則方斜爲：

$$x + 2 \times 9.9 = x + 19.8$$

由"方五斜七"，得方面爲：

$$\frac{5}{7}(x + 19.8)$$

根據題意，得：

$$\left[\frac{5}{7}(x + 19.8)\right]^2 - \frac{3}{4}x^2 = 2 \times 240 + 6$$

整理得：

$$-47x^2 + 3960x - 56052 = 0$$

開得：

$$x = 18$$

圖 3-10

②平除長爲小長，長除平爲小平，設長、平分別爲 a、b，即：

$$小長 = \frac{a}{b}, \quad 小平 = \frac{b}{a}$$

術曰：立天元一爲小平 │ ，減云數，餘爲小長。以小平乘之，爲小積

①。與小積一算相消②，得開方式 ③。平方開之，得小平二分五

釐。再立天元一爲大長 │ ④，以乘小平，爲大平，以大長乘之，爲大積式 〇═┃┃┃┃。

與元積相消，得開方式 〇═┃┃┃┃。平方開之，得大長。以小平乘之，

即大平。合問⑤。

20. 今有直積四千九十六步，只云長除平、平除長二數相減，餘三步七分

---

①小積式下層負籌 1 與中層 4 對齊，表示：$4.25x - x^2$，金刻本、金鈔本、羅刻本誤與中層 5 對齊，從而表示：$425x - x^2$。羅士琳《識誤》云："案：下層天元一負當超二位，與中層四天元正上下相齊，原式誤未超位。"

②小長乘小平，爲小積，即：

$$小積 = 小長 \times 小平 = \frac{a}{b} \times \frac{b}{a} = 1$$

小積，銅活字本誤作"小長"，據各本改。

③開方式上層爲負、中層爲正、下層爲負，金鈔本同，金刻本、羅刻本正負俱與原式相反，二式等價。

④大長，即直田長，相對於小長而言，名之爲大長。與此類似，後文"大平"，即直田平。

⑤設小平 $\frac{b}{a}$ 爲 x，則小長 $\frac{a}{b}$ 爲（$4.25 - x$）。由：

$$\frac{a}{b} \times \frac{b}{a} = 1$$

得：

$$x(4.25 - x) = 1$$

整理得：

$$x^2 - 4.25x + 1 = 0$$

開方，解得小平爲：$x = 0.25$。再設大長爲 x，則大平爲 $0.25x$，由直田求積公式，得：

$$0.25x^2 = 1024$$

開得大長即直田長：$x = 64$。

半。問：長平各幾何？

答曰：平三十二步；　　　長一百二十八步。

○

術曰：立天元一爲小長丨，内減云數，餘爲小平。以小長乘之，爲小積

○　丨丨丨⊥卌
丨。與小積一算相消，得開方式 丨丨丨⊥卌 ①。平方飜法開之，得小長四
步。以除直積，得一千二十四步，爲大平冪。平方開之，得大平三十二步。
以小長乘之，即大長也。合問②。

21. 今有大小方田二段，共積六千五百二十九步，只云小方面乘大方面。
得三千一百二十步。問：二方面各幾何？

答曰：大方面六十五步；　　　小方面四十八步。

術曰：別得今數爲弦冪，云數爲直積，倍之減弦冪，餘有二百八十九步，

○

平方開之，得較一十七步。立天元 丨 爲大方面丨，内減較步③，餘爲小方面

---

①開方式上層、中層爲負，金鈔本同，金刻本俱作正，羅刻本上層作負，中層作正，羅士琳《識誤》
　云："案：中層方三步七分半當爲負，誤作正。"

②設小長 $\dfrac{a}{b} = x$，則小平 $\dfrac{b}{a} = x - 3.75$，由：

$$\frac{a}{b} \times \frac{b}{a} = 1$$

得：

$$x(x - 3.75) = 1$$

整理得：

$$x^2 - 3.75x - 1 = 0$$

開得小長：

$$\frac{a}{b} = x = 4$$

又：

$$b^2 = ab \div \frac{a}{b} = \frac{4096}{4} = 1024$$

開得直田平爲：$b = 32$。

③内，銅活字本、金刻本、金鈔本、羅刻本俱作"以"。羅士琳《識誤》云："案：較非本數，據術，
　'以減' 當作 '内減'。" 諺解本即作"内"，據改。

，以大方面乘之，爲直積 │①。與只云數相消，得開方式

。平方飜法開之，得大方面；減較，即小方面。合問②。

22. 今有大小方田二段，只云大方冪內減小方面餘一千二百六十八步，又云小方冪內減大方面餘七百四十八步。問：大小方面各幾何？

答曰：大方面三十六步；　　小方面二十八步。

術曰：立天元一爲小方面│，自乘，內減又云數，爲大方面 。自

---

①直積式中層爲負，金鈔本同，金刻本、羅刻本作正，羅士琳《識誤》云："案：中層十七天元當爲負，誤作正。"

②設大方面爲 a ，小方面爲 b ，二者相當於一個直田的長平兩邊。則大方面與小方面的乘積，即直田的面積；大方和小方的面積之和，等於直田的斜長自乘積，即弦冪。根據題意，列式如下：

$$\begin{cases} ab = 3120 \\ a^2 + b^2 = 6529 \end{cases}$$

得：

$$(a - b)^2 = a^2 + b^2 - 2ab = 6529 - 6240 = 289$$

開得：

$$a - b = 17$$

設大方面爲 $a = x$ ，則小方面：$b = x - 17$，由：

$$ab = 3120$$

得：

$$x(x - 17) = 3120$$

整理得：

$$x^2 - 17x - 3120 = 0$$

開得大方面：$a = x = 65$。

之，爲大方冪 │①，寄左。又列小方面│，加入先云數

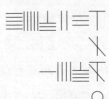

│，亦爲大方冪。與寄左相消，得開方式 │。三乘方

飜法開之，得小方面。加入先云數，共得一千二百九十六爲實，一爲廉，平

方開之，得大方面。合問②。

23. 今有直積二千六十五步，只云較乘和得二千二百五十六步。問：長平

各幾何？

答曰：平三十五步； 長五十九步。

術曰：立天元一爲平│，自之，爲平冪式│。加入云數，爲長冪。又以平

---

①此式分五層，自上而下分別表示常數項、一次項係數、二次項係數、三次項係數和四次項係數，上
數第二層、第四層空，即一次項係數與三次項係數爲0，則該式用現代數學符號表示爲：

$$559504 - 1496x^2 + x^4 = 0$$

係大方 $x^2 - 748$ 平方所得。

②設大方面爲 a，小方面爲 b，根據題意，列式如下：

$$\begin{cases} a^2 - b = 1268 \\ b^2 - a = 748 \end{cases}$$

設小方面爲 x，得：

$$(x^2 - 748)^2 = 1268 + x$$

整理得：

$$x^4 - 1496x^2 - x + 558236 = 0$$

開四次方，解得小方面：$b = x = 28$。代入 $a^2 - b = 1268$ 式中，得大方面：

$$a = \sqrt{1296} = 36$$

冪乘之，爲積冪也　　　　　|，寄左。列積，自之，與寄左相消，得開方式

。三乘方開之，得平。以平除積，爲長也①。

24. 今有直田，長平相乘爲實，平方開之，得數，加長平和得一百二十九步。只云差三十九步。問：長平各幾何？

答曰：平二十五步；　　長六十四步。

術曰：立天元一爲和|，以減先云，餘爲開方數　　。自之，就分四

之，爲四段直積　　　　。又加差冪，得式　　　　②，寄左。列

---

①設直田長 a、平爲 b，根據題意，列式如下：

$$\begin{cases} (a-b)(a+b) = a^2 - b^2 = 2256 \\ ab = 2065 \end{cases}$$

設直田平爲 x，得：

$$(x^2 + 2256)x^2 = 2065^2$$

整理得：

$$x^4 + 2256x^2 - 4264225 = 0$$

開四次方，開得直田平爲：$b = x = 35$。

②籌算式下層爲正，金刻本、金鈔本、羅刻本誤作負，羅士琳《識誤》云："案：下層天元冪四當爲正，誤作負。"

和，自之，爲和冪 │。與寄左相消，得開方數式 ⫿。平方開之，

得和八十九步，減差，半之得平；加差，半之即長。合問①。

25. 今有大、中、小方田各一段，共積一萬四千三百八十四步，只云方方較等②，其三方面相和得二百四步。問：三方面各幾何？

　　答曰：大方面八十四步；　　中方面六十八步；

　　　　　小方面五十二步③。

術曰：列云數，三約之。得中方面六十八步。立天元一爲較 │，加入中方面，

爲大方面 │。自之，爲大方積 │。又列較，以④減中方面，餘爲

---

①設直田長 a 、平爲 b ，根據題意，列式如下：

$$\begin{cases} \sqrt{ab} + (a + b) = 129 \\ a - b = 39 \end{cases}$$

設長平和 $a + b = x$ ，則：

$$ab = (129 - x)^2$$

由：

$$(a - b)^2 + 4ab = (a + b)^2$$

得：

$$39^2 + 4 \times (129 - x)^2 = x^2$$

整理得：

$$3x^2 - 1032x + 68085 = 0$$

開得長平和：

$$a + b = x = 89$$

加減長平較，易求長、平。

②方方較等，指大方與中方之差同中方與小方之差相等。

③五，銅活字本誤作"立"，據各本改。

④以，各本皆作"步"，從上讀。羅士琳《識誤》云："案：較爲天元，無步數也。又中方面非減數，據術，'步'當作'以'。"據改。

小方面 ，自之，爲小方積 　　　。又列中方面，自乘，爲中方積

　　　　。三位併，得 　　　，寄左。列積，與寄左相消，得開方數

式 　　　。平方開之，得較一十六步，加中方面，得大方面；中方面減較，即小方面也①。

26. 今有古、徽、密率圓田各一段，共積五千六百七十一步五十分步之十三。只云古徑不及密徑七步，密徑不及徽徑七步。問：三圓徑各幾何？

答曰：古徑四十二步；　　　密徑四十九步；

　　　　徽徑五十六步。

---

①設大方面爲 a，中方面爲 b，小方面爲 c，根據題意，列式如下：

$$\begin{cases} a - b = b - c \\ a + b + c = 204 \end{cases}$$

得：

$$3b = 204$$

求得中方面 $b = 68$。設方方較即 $a - b = b - c = x$，則大方面和小方面分別爲：

$$\begin{cases} a = b + x = 68 + x \\ c = b - x = 68 - x \end{cases}$$

又：

$$a^2 + b^2 + c^2 = 14384$$

則：

$$(68 + x)^2 + 68^2 + (68 - x)^2 = 14384$$

整理得：

$$2x^2 - 512 = 0$$

開得較：

$$x = 16$$

用中方面分別加減較，得大方面爲 84、小方面爲 52。

○

術曰：立天元一爲古徑 |，自之，三因，爲四段古積；就以七百乘之，

○

○

　　　　　　　　　　　　　　　　　　　　　　　　Ⅱ

爲二千八百段古積 ═|○○。又列古徑，加七步爲密率徑 |，自之，又二

　　　　　　　　　─○⊥Ⅲ
　　　　　　　　　‖○Ⅲ

十二乘之，爲二十八段密率　　═‖；就以一百乘之，爲二千八百段密積

　　　─○⊥Ⅲ○○
　　　‖○Ⅲ○○　　　　　　　　　─Ⅲ

也　　═‖○○。又列密徑，加七步爲徽徑　　|，自之，又以一百五十七

　　　　Ⅲ○Ⅲ⊥‖
　　　　☰‖⊥丅

乘之，爲二百段徽術　　|☰Ⅲ；就以十四乘之，亦爲二千八百段徽積也

☰Ⅲ○Ⅲ○Ⅲ　　　　　☰Ⅲ⊥丅○Ⅲ
丅─Ⅲ☰Ⅲ　　　　　　Ⅲ═ⅢⅢ

═|☰Ⅲ。三位併之　⊥Ⅲ☰Ⅲ，寄位。列積五千六百七十一步，

　　　　　　　　　　　　─Ⅲ☰Ⅲ○ⅢⒻ○
　　　　　　　　　　　　Ⅲ═Ⅲ═Ⅲ

通分内子，以五十六乘之，與寄位相消，得開方數式　　⊥Ⅲ☰Ⅲ①。

---

①開方數式上層，銅活字本原無末位"○"，據各本補。

平方開之，得古徑。加差七，得密徑。又加七，得徽徑也①。

27. 今有圓田一段，周爲實，平方開之，得數，加入圓積，共得一百一十四步。問：周徑各幾何？

答曰：周三十六步；　　徑一十二步。

術曰：立天元一爲圓徑｜，自之，三因，爲四段圓積。以減四之共數，

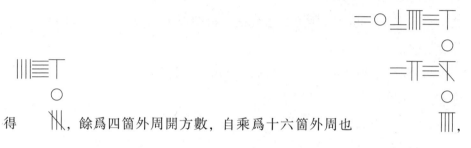

得 ，餘爲四箇外周開方數，自乘爲十六箇外周也

①古率爲3，密率爲$\frac{22}{7}$，徽率爲$\frac{157}{50}$，設古積、密積、徽積分別爲S_1、S_2、S_3，古徑、密徑、徽徑分別爲d_1、d_2、d_3，得：

$$\begin{cases} S_1 = \frac{3}{4}d_1{}^2 \\ S_2 = \frac{22}{28}d_2{}^2 \\ S_3 = \frac{157}{200}d_3{}^2 \end{cases}$$

設古徑爲$d_1 = x$，根據題意，得密徑$d_2 = x + 7$，徽徑$d_3 = x + 14$，則：

$$S_1 + S_2 + S_3 = \frac{3}{4}x^2 + \frac{22}{28}(x + 7)^2 + \frac{157}{200}(x + 14)^2 = 5671\frac{13}{50}$$

用2800通分，得：

$$2100x^2 + 2200(x + 7)^2 + 2198(x + 14)^2 = 15879528$$

$$2100x^2 + (2200x^2 + 30800x + 107800) + (2198x^2 + 61544x + 430808) = 15879528$$

其中，$2100x^2$爲2800段古積，$(2200x^2 + 30800x + 107800)$爲2800段密積，$(2198x^2 + 61544x + 430808)$爲2800段徽積。

整理得：

$$6498x^2 + 92344x - 15340920 = 0$$

開得古徑：$d_1 = x = 42$。遞加7，得密徑49，徽徑56。

寄左。列徑，三之，爲外周，以十六乘之，得▨▨，與寄左相消，得開方數

▨▨

式　　　　▨▨。三乘方飜法開之，得圓徑十二步。三之，即周三十六步也①。

28. 今有方臺一所，計積二百五十八尺，只云臺高不及下方二尺，却多如上方一尺。問：上下方及高各幾何？

答曰：上方五尺；　　下方八尺；

　　　高六尺。

術曰：立天元一爲上方▨，加入一尺，爲臺高▨。高却加二尺，爲下方▨。

自乘，得▨；又上方自乘，得▨；又上下方相乘，得▨。三位併之，又以高

---

①設圓周爲 C，圓徑爲 d，根據題意，列式如下：

$$\begin{cases} \sqrt{C} + \dfrac{3d^2}{4} = 114 & ① \\ C = 3d & ② \end{cases}$$

設圓徑 $d = x$，由①式得：

$$16C = (4 \times 114 - 3x^2)^2$$

代入②式，得：

$$(4 \times 114 - 3x^2)^2 = 48x$$

整理得：

$$9x^4 - 2736x^2 - 48x + 207936 = 0$$

開得圓徑 $d = x = 12$。

乘之，爲三段方臺積 ⫿⫿⫿，寄左。列積，三之，與寄左相消，得開方式

。立方開之，得上方五尺。加一尺，得高六尺；就加二尺，得下方八尺。合問①。

29. 今有圓臺一所，計積五千四十尺，只云上下周相和得一百八尺，高不及上周一十六尺。問：上下周及高幾何？

答曰：上周三十六尺；　　下周七十二尺；

　　　　高二十尺。

術曰：立天元一爲高｜，加一十六尺，爲上周 。以減於相和數，爲

下周 ，自乘 ；又上周自乘 ；又上下周相乘，得

。三位併之，又以高乘之，爲三十六段圓臺積 ，寄

---

①方臺，即“商功修築門”中的方亭臺。設方臺上方爲 a ，下方爲 b ，高爲 h ，方臺求積公式爲：

$$V = \frac{(a^2 + b^2 + ab)h}{3}$$

設上方 $a = x$ ，根據題意，高 $h = x + 1$ ，下方 $b = x + 3$ ，代入求積公式，得：

$$V = \frac{[x^2 + (x+3)^2 + x(x+3)](x+1)}{3} = 258$$

整理得：

$$3x^3 + 12x^2 + 18x - 765 = 0$$

開得上方 $a = x = 5$ 。

　　　　　　　　　　　　　　　　　　　　　　　　〔籌算式〕

左。列積，以三十六乘之，與寄左相消，得開方數式 〔籌算式〕①。立

方開之②，得臺高。加不及，即上周；又上周減相和數，得下周也③。

　　30. 今有方錐積九千四百八尺，只云高爲實，平方開之，得數，少如下方

二十二尺。問：下方及高各幾何？

　　　答曰：下方二十八尺；　　　高三十六尺。

　　　　　　　　　　　　　　　〔籌算式〕　　〔籌算式〕

　　　術曰：立天元一爲開方數〔籌算式〕，自乘爲高也〔籌算式〕。再列開方數，加少如，爲下

　　　　　　　　　　　　　　　　　　　〔籌算式〕

方也 〔籌算式〕。自之，又高乘之④，爲三段方錐積數也 〔籌算式〕，寄左。列積，三

---

①開方數式上層，銅活字本原無末位 "○"，據各本補。

②立方，金刻本、金鈔本、羅刻本作 "瓤法"。

③圓臺，即 "商功修築門" 中的圓亭臺。設上底周長爲 C_1，下底周長爲 C_2，高爲 h，圓臺求積公

　式爲：

$$V = \frac{(C_1{}^2 + C_2{}^2 + C_1 C_2)h}{3}$$

　設臺高 $h = x$，根據題意，上周 $C_1 = x + 16$，下周 $C_2 = 108 - (x + 16) = 92 - x$，代入求積公式，整

　理得：

$$x^3 - 76x^2 + 10192x - 181440 = 0$$

　開得高：$h = x = 20$。

④又，銅活字本誤作 "只"，據各本改。

之，與寄左相消，得開方式 。三乘方開之，得六尺，爲開平方數。加少如，得下方二十八尺。又六尺自之，即高。合問①。

31. 今有圓錐積三千七十二尺，只云高爲實，立方開之，得數，不及下周六十一尺。問：下周及高各幾何？

答曰：下周六十四尺；　　高二十七尺。

術曰：立天元一爲開立方數│，再自乘，爲高也│。再列開立方數，加不

及，爲下周也│。自之，又高乘之，爲三十六段積│，寄左。列

①設方錐底面邊長爲 a，高爲 h，求積公式爲：

$$V = \frac{a^2 h}{3}$$

根據題意，列：

$$\sqrt{h} = a - 22$$

設錐高開方數 $\sqrt{h} = x$，則下方 $a = x + 22$，代入求積公式，得：

$$V = \frac{(x + 22)^2 x^2}{3} = 9408$$

整理得：

$$x^4 + 44x^3 + 484x^2 - 28224 = 0$$

開得錐高開方數 $\sqrt{h} = x = 6$，則錐高 $h = 36$，下方 $a = 28$。

積，三十六乘之，與寄左相消，得開方數式 ①。四乘方開之，

得三尺，爲開立方之數。加不及，得下周六十四尺。又列三尺，再自乘，得

高二十七尺。合問②。

32. 今有立方、立圓、平方各一，共積一百二十七萬七千七百二十四尺。

只云立圓徑不及立方面十四尺，却多平方面二十八尺。問：三事各幾何？

答曰：立方面九十八尺；　　立圓徑八十四尺；

平方面五十六尺。

術曰：立天元一爲立圓徑，加十四尺，爲立方面。再自乘，又以

十六乘之，得，爲十六段立方積，寄左。又列立圓徑，減二十

---

①開方數式，金刻本、金鈔本、羅刻本無"數"字。

②設圓錐下周長爲 C，高爲 h，求積公式爲（圓周率取 3）：

$$V = \frac{C^2 h}{36}$$

根據題意，列：

$$\sqrt[3]{h} = C - 61$$

設錐高開立方數 $\sqrt[3]{h} = x$，則下周 $C = x + 61$，代入求積公式，得：

$$V = \frac{(x + 61)^2 x^3}{36} = 3072$$

整理得：

$$x^5 + 122x^4 + 3721x^3 - 110592 = 0$$

開得錐高開立方數 $\sqrt[3]{h} = x = 3$，則錐高 $h = 27$，下周 $C = 64$。

八尺，爲平方面也 。自之，又十六乘之，爲十六段平方積 ，

寄左。又列立圓徑，再自乘，九之，亦爲十六段立圓積 。三位併之，共爲

十六段積 ，再寄。列共積，十六乘之，與再寄相消，得開方式

。立方開之，得立圓徑。加不及，即立方面；減多，即
平方面也①。

33. 今有立圓、立方、平圓、平方各一，立圓從古法，平圓從密率。共積一萬
八千五百八十六尺。只云立圓徑多於平圓徑二尺，却少於立方面八尺，立方
面如平方面二分之一。問：四事各幾何？

———————————————

①設立方面爲 a ，立圓徑爲 d ，平方面爲 b ，根據題意，得：
$$\begin{cases} d = a - 14 \\ d = b + 28 \end{cases}$$
設立圓徑 $d = x$ ，則立方面 $a = x + 14$ ，平方面 $b = x - 28$ ，則三者共積爲：
$$S = (x + 14)^3 + (x - 28)^2 + \frac{9x^3}{16} = 1277724$$
16 通分，得：
$$16(x + 14)^3 + 16(x - 28)^2 + 9x^3 = 20443584$$
其中，$16(x + 14)^3 = 16x^3 + 672x^2 + 9408x + 43904$ 爲 16 段立方積，$16(x - 28)^2 = 16x^2 - 896x + 12544$ 爲 16 段平方積，$9 x^3$ 爲 16 段立圓積。整理得：
$$25x^3 + 688x^2 + 8512x - 20387136 = 0$$
開得圓徑 $d = x = 84$ 。

答曰：立圓徑一十六尺；　　　立方面二十四尺；

平圓徑一十四尺；　　　平方面四十八尺。

術曰：立天元一爲立圓徑｜，減二尺，餘爲平圓徑｜。自之，就以二十

二乘之，爲二十八段積〇｜；就分四之，爲一百一十二段圓密積。

又列立圓徑，加八尺，爲立方面｜；再自乘，又以一百一十二乘之，爲一百一十

二段立方積也。又列立圓徑，再自乘，九因，爲十六段積；又七

之，爲一百一十二段立圓積。又列立方面，二之，爲平方面；自乘，

又以一百一十二乘之，亦爲一百一十二段平方積也。四位共併，爲

一百一十二段積，寄左。列共積一萬八千五百八十六尺，以一百一

十二乘之，得二百八萬一千六百三十二。與寄左相消，得開方式

。立方開之，得立圓徑一十六尺。加八尺，得立方面；減二尺①，爲平圓徑；倍立方面，即平方面。合問②。

34. 今有立方、立圓、平方古圓田、徽圓田各一，共積三萬三千六百二十二尺二百分尺之三十七。只云立方面不及立圓徑四尺，多如徽圓徑三尺，立圓徑如平方面三分之一，古圓周與立方面適等。問：五事各幾何？

答曰：立方面二十四尺；　　　立圓徑二十八尺；

　　　平方面八十四尺；　　　古圓周二十四尺；

　　　徽圓徑二十一尺。

術曰：立天元一爲立方面亦古圓周。 | ，加四尺，爲立圓徑 | ，再自乘，

---

①尺，銅活字本誤作"只"，據各本改。

②設立圓徑爲 x，設立方面爲 a，平方面爲 b，平圓徑爲 d，根據題意得：

$$\begin{cases} a = x + 8 \\ b = 2a = 2x + 16 \\ d = x - 2 \end{cases}$$

設立方、平方、平圓、立圓積分別爲 S_1、S_2、S_3、S_4，則：

$$\begin{cases} S_1 = a^3 = (x+8)^3 \\ S_2 = b^2 = (2x+16)^2 \\ S_3 = \dfrac{22}{28}d^2 = \dfrac{22}{28}(x-2)^2 \\ S_4 = \dfrac{9}{16}x^3 \end{cases}$$

共積爲：

$$S_1 + S_2 + S_3 + S_4 = 18586$$

$$(x+8)^3 + (2x+16)^2 + \frac{22}{28}(x-2)^2 + \frac{9}{16}x^3 = 18586$$

用 112 通分，整理得：

$$175x^3 + 3224x^2 + 28320x - 1995264 = 0$$

開得立圓徑 $x = 16$。

九因，爲十六段積　；以二百二十五乘之，爲三千六百段立圓積

①。又列立圓徑，三之，爲平方面　，自之，爲平方積；

以三千六百乘之，爲三千六百段平方積也　。又列立方面，減

三尺，爲徽圓徑也，自之，又周一百五十七乘之，爲二百段積　；

以十八乘之，爲三千六百段徽圓積　。又列古圓周，即立方面。自

之，爲十二段積；以三百乘之，爲三千六百段古圓積　②。又列立方

面，再自乘，爲一段積；以三千六百乘之，爲三千六百段立方積　。

---

①三，銅活字本誤作"立"，據各本改。
②三千六百段古圓積式下層300，銅活字本誤作"003"，據各本改。

[算籌數字]

五位併之，得 [算籌數字]，寄左。列積，通分内子，以十八乘之，與寄

[算籌數字]

左相消，得開方式 [算籌數字]①。立方開之，得立方面、古圓周
等數也。加四尺，得立圓徑；三之，爲平方面。又列立方面，減三尺，即徽

①開方式，各本皆同，唯銅活字本作"開數式"。按：前文多作"開方數式"，此處原似亦當作"開方
數式"，銅活字本奪"方"字，作"開數式"。各本以"開數式"不辭，遂改"數"爲"方"。今姑
據各本改作"開方式"。

圓徑也。合前問①。

①合前問，銅活字本、諺解本作"合法前問"，"法"當爲衍文，據文意删。餘本俱作"合問"，亦通。

設立方面爲 x，立圓徑爲 D，平方面爲 b，古圓周爲 C，徽圓徑爲 d，根據題意，得：

$$\begin{cases} D = x + 4 \\ b = 3(x + 4) \\ d = x - 3 \\ C = x \end{cases}$$

求得立圓積爲：

$$S_1 = \frac{9}{16}D^3 = \frac{9}{16}(x + 4)^3 = \frac{9}{16}(x^3 + 12x^2 + 48x + 64)$$

平方積爲：

$$S_2 = b^2 = [3(x + 4)]^2 = 9x^2 + 72x + 144$$

徽圓積爲：

$$S_3 = \frac{157}{200}d^2 = \frac{157}{200}(x - 3)^2 = \frac{157}{200}(x^3 - 6x + 9)$$

古圓積爲：

$$S_4 = \frac{C^2}{12} = \frac{x^2}{12}$$

立方積爲：

$$S_5 = x^3$$

皆用 3600 通之，得：

$$3600S_1 = 3600 \times \left[\frac{9}{16}(x^3 + 12x^2 + 48x + 64)\right] = 2025x^3 + 24300x^2 + 97200x + 129600$$

$$3600S_2 = 3600 \times (9x^2 + 72x + 144) = 32400x^2 + 259200x + 518400$$

$$3600S_3 = 3600 \times \left[\frac{157}{200}(x^2 - 6x + 9)\right] = 2826x^2 - 16956x + 25434$$

$$3600S_4 = 3600 \times \frac{x^2}{12} = 300x^2$$

$$3600S_5 = 3600x^3$$

總積亦用 3600 通之，得：

$$3600S = 3600 \times 33622\frac{37}{200} = 121039866$$

由：$3600S_1 + 3600S_2 + 3600S_3 + 3600S_4 + 3600S_5 = 3600S$

左右相減，如表所示：

	立圓積	平方積	徽圓積	古圓積	立方積	總積	結果
常數項	129600	518400	25434			−121039866	−120366432
一次項 x	97200	259200	−16956				339444
二次項 x^2	24300	32400	2826	300			59826
三次項 x^3	2025				3600		5625

得：

$$5625x^3 + 59826x^2 + 339444x - 120366432 = 0$$

開得立方面：

$$x = 24$$

附録一

金始振《重刊算學啓蒙序》①

　　余少也嘗留意算學，而東國所傳，不過《詳明》等書淺近之法②。如《九章》、六觚微妙之術，鮮有解者，無可質問。歲丁酉③，居憂抱病，無外事，適得抄本《楊輝算書》於今金溝縣令鄭君瀁④，又得國初印本《算學啓蒙》於地部會士慶善徵⑤。較其同異，究其源流，則《楊輝》非但字多豕亥，術亦舍易趨艱⑥，不俀初學⑦。《啓蒙》簡而且備，實是算家之總要。第其末

---

①據早稻田大學圖書館藏順治十七年（1660）金始振刻本録文。

②《詳明》，即《詳明算法》，元何平子撰，珠算著作。凡兩卷，共 126 問。今有明洪武癸丑（1373）刻本，藏於日本國立公文書館。

③丁酉，李朝孝宗八年，清順治十四年，公元 1657 年。

④《楊輝算書》，即《楊輝算法》，南宋楊輝所撰三種算書合稱。包括《乘除通變本末》三卷、《續古摘奇算法》二卷、《田畝比類乘除捷法》二卷，有朝鮮世宗十五年（1433）覆洪武戊午（1378）古杭勤德書堂本、《宜稼堂叢書》本（缺《續古摘奇算法》卷上）存世。鄭瀁（1600—1668），字晏叔，號孚翼子，晚改抱翁。萬曆戊午（1618）進士，藏書萬卷，專意窮格之工。順治十七年（1660），任金溝縣令。次年，由漢城庶尹擢授司憲府持平。康熙七年（1668），卒於李朝京城。增修《語録解》，李朝顯宗特命刊行，有《抱翁集》傳世。（參《抱翁先生文集》卷八"行狀"）

⑤地部，即戶曹，相當於中國之戶部。會士，職官名，從九品，屬戶曹。《萬機要覽·財用編四》"戶曹各掌事例·附算學"載："算士一員，從七品。計士一員，從八品。會士一員，從九品。掌闕內外諸處籌摘。"慶善徵（1616—?），後名善行，字汝休，清州人，精數學，李朝仁祖十八年（1640），算學取試合格，官算學教授。著有《嘿思集算法》三卷。（參川原秀城《朝鮮數學史》，東京大學出版會，2010 年）

⑥艱，同"難"。

⑦俀，同"便"。

端二紙漫歎過半，殆不可辨。今大興縣監任君濬①，於術無所不通，一見而解
之，手圖而補其缺。其後偶得一抄本讎之，果不差毫釐②。於是乎遂爲成書，
而布之不廣。慮益久而絶其傳，更以《楊輝》“望海島”一章添入卷尾，刊梓
而壽之，以遺後之游秇君子云③。

　　順治十七年庚子七月下浣通政大夫守全南道觀察使兼兵馬水軍節度使巡
察使全州府尹金始振識④

乙未校正

庚午重刊　藏於本學

---

①任濬（1608—1675），字伯深，號隱墩，西河府人。李朝仁祖十一年（1633），司馬試合格，數歲除
　順陵參奉，進義禁府都事，歷龍宮、石城、扶餘縣監、户刑二曹正郎，官至榮川郡守。顯宗初罷歸，
　閉門晦跡，絶意進取。參《榮川郡守任公墓誌銘》（朴世采《南溪先生文集》卷七七）。
②釐，同“氂”，又作“釐”。《榮川郡守任公墓誌銘》載：“金參判始振家儲算書，亡其簡，倩公追
　補。後考他本不爽，人服精見。”
③游秇，同“遊藝”，謂遊憩於六藝之中，泛指有修養學識。
④金始振（1618—1667），字伯玉，號盤皋，慶州人。二十七登文科，選槐院，薦翰苑兼説書，歷兵曹
　佐郎、稷山縣監、南陽縣監、三司亞長、尚衣正，擢拜全南道觀察使、刑曹參判、禮曹參判。康熙
　六年（1667），卒於京第。參《禮曹參判金公墓誌銘》（南九萬《藥泉集》卷一六）。

阮元《算學啓蒙序》①

　　祖頤序《四元玉鑑》，俌朱氏嘗游廣陵②，學者雲集，編集《算學啓蒙》，趙元鎮先後付梓，謂二書相爲表裏③。元昔撫浙時，獲得《玉鑑》舊鈔本，儗演細艸④，未果。甘泉羅君茗香得其寫本，補全《細艸》刊布⑤，而以未見《啓蒙》爲憾。近年，羅君又從都中人于琉璃廠書肆中得朝鮮重刊本，計三卷。因思《論語》皇侃疏、《七經孟子攷文》傳自日本，皆收録入《四庫全書》，中國刊行已久。今得此書，亦可依例刊行。

　　案此書總二十門，凡二百五十九問。其名術義例，洵多與《玉鑑》相表裏。羅君爲之互斠⑥，其證得七：

　　《玉鑑》首列和較冪積諸圖，始於天元，終於四元，義主精邃，所得甚深。攷大德癸卯莫若序，計後此書四年。此書首列乘除布算諸例⑦，始于超徑

---

①據中國科學院自然科學史研究所圖書館藏道光十九年（1839）羅士琳揚州刻本録文，標題爲整理者所擬。

②俌，同“稱”。

③祖頤《松庭先生四元玉鑑後序》云：“漢卿名世傑，松庭其自號也。周流四方，復遊廣陵，踵門而學者雲集。大德己亥，編集《算學啓蒙》，趙元鎮已與之版而行矣。元鎮者，博雅之士也，惠然又備己財，鳩工繡梓，俾之並行於世，前成始而今成終也。好事之德，奚可量哉！二書相爲表裏，不其韙歟！”

④儗，準備，打算。

⑤羅君茗香，即羅士琳（1789-1853），字次璆，號茗香，安徽歙縣人。常寄居揚州，自稱甘泉人。專力步算。國子監生，考取天文生，儀征阮元尤重之。道光十四年（1834），撰《四元玉鑑細草》二十四卷附增一卷。

⑥斠，同“校”，校勘。

⑦乘，古同“乘”。

等接之術，終于天元如積開方。由淺近以至通變，循序而進，其理易見，名曰《啓蒙》，實則爲《玉鑑》立術之根。此一證也。

《玉鑑》原本十行，行十九字，"今有"氏一格①，"術曰"又氏二格，與此書同式。此二證也。

《玉鑑》斗斛之"斗"，別用"斞"，此假借字，本《漢書·平帝紀》及《管子·乘馬篇》，尚雜見于唐以前之《孫子》《五曹》《張丘建》諸算經②。其鈞石之"石"，《説文》本作"秖"，《玉鑑》作"碩"。"碩"與"石"古雖互通，然假"碩"爲鈞石之"石"，則厪見於《毛詩·甫田》疏引《漢書·食貨志》③，而算書罕見。又若《玉鑑》"晥田"之"晥"，雖見于李籍《九章音義》，而字書所無，此書并同。此三證也。

《玉鑑》雖亦三卷，而門則爲二十四，問則爲二百八十八，較多于此書四門、二十九問。然以四字分類，其體裁彼此無異。且如"商功修築""方程正負"之屬，則又二書互見。此四證也。

《玉鑑》"如意混和"弟一問，據數知一秤爲十五斤，適合此書之斤秤起率。此五證也。

《玉鑑》"鎖套吞容"弟九問，方五斜七八角田；"左右逢元"弟六、弟十三、弟二十諸問，有小平小長，皆向無其術。此書卷首"明乘除段"即載"平除長爲小長、長除平爲小平"之例。其"田畮形段"弟十五問④，復載方五斜七八角田求積通術。此六證也。

他如《玉鑑》"或問歌彖"弟四問，與此書"盈不足術"弟七問；又《玉鑑》"果垛疊藏"弟十四問，與此書"堆積還源"弟十四問；又《玉鑑》"方程正負"弟四問，與此書"方程正負"弟五問，其問題約略相同。此七證也。是此書真朱氏原書，佚而復出，可憙之至矣⑤。

同郡中學人請鳩工，以朝鮮原刻本縮版影刊，并其末所載楊輝《海島算

---

①氏，"低"本字。

②丘，原書避"孔丘"諱改作"邱"，今該從本字。後文同，徑改不出校。

③厪，同"僅"。

④畮，古同"畝"。

⑤憙，古同"喜"。

法》一番，亦爲坿列。間有魚豕，悉仍其舊，但各標△于誤字旁①，别記刊誤于卷末，示不誣也。

羅君又以爲此書七證之外，兼有四奇：昔盛德璋太僕儀撰《嘉靖惟揚志》②，及此書原序結尾署"惟揚學算趙城元鎮"。"惟揚"二字相同，或疑元至正二十二年壬寅始改揚州爲維揚府，在此書大德三年後，其時不應有"惟揚"之偁，且"惟"與"維"字又各異。不知宋《寶祐志》已據《禹貢》"淮海惟揚州"作"惟揚"矣，見《嘉靖志》注。至"惟""維"，皆助語辭，古本通用，《韻會》謂"《毛詩》助辭多用'維'，《書》及《論語》則用'惟'"。是趙爲吾鄉人無疑。當元大德時，曾爲朱氏刻梓二書。今吾鄉揚州從事於斯者，正復雲集，遺澤未湮，二書又先後爲吾鄉人所校覈刊行。其奇者一也。

趙序謂"將見拔茅連茹，以備清朝之選"，在大德時不過尋常頌語，而竟爲我天朝預兆。其奇者二也。

此書成于大德己亥七月既望，乃歷今五百四十年，計都中寄此書到揚州年月日悉符。其奇者三也。

元于嘉慶之初得《玉鑑》，今于道光十九年，予告歸惟揚，又見《啓蒙》。且目見羅君等算斠刊刻，樂觀厥成。其奇者四也。

至于庫務解稅、折變互差二門，有中統、至元時市廛日用及市舶司之稅價，尤足以資元初交易之攷證焉。

大清道光十九年己亥九月揚州予告大學士太子太保在籍食俸阮元序

---

①旁，通"旁"。
②《嘉靖惟揚志》，明盛儀撰。儀字德章，弘治乙丑進士，官至太僕寺卿。

羅士琳《算學啓蒙後記》①

是書與《四元玉鑑》同爲元大德時朱松庭先生所譔，二書久佚。《玉鑑》之名，猶見於梅文穆公《赤水遺珍》中②。是《玉鑑》尚有流傳之本，而是書竟絶無知者。向爲《玉鑑》補艸時，知是書與《玉鑑》相表裏，深以未見爲憾。近聞朝鮮以是書爲算科試士，因郵浼都中士訪獲③。是書爲朝鮮重刊本，卷首有朝鮮通政大夫守全南道觀察使兼兵馬水師節度使巡察使全州府尹金始振序，又元大德惟揚學算趙城元鎮原序各一首。

竊惟唐時選舉有明算科，自《周髀》以迄王孝通之《緝古》，號爲“十經”，分限年歲，趙序“淳風之解十經”，即此謂耳。厥後科目雖廢，去古未遠，文獻可徵。故言算，要當以宋元時秦、李、朱三家爲大備④。秦氏著《數學九章》，而古正負開方術顯；李氏著《測圓海鏡》《益古演段》二書，而古立天元一術傳；朱氏集秦、李之大成，而兼而有之，又推廣以至四元。于是實事求是，無隱不見，無微不彰矣。案秦書自序淳祐七年，是歲丁未，爲元定宗二年。李氏二書，《海鏡》在《演段》之先，自序戊申，當爲元定宗三年。計秦、李兩家書，先後厪差一年，秦、李同時，不待言矣。是書成于大德己亥，上距淳祐丁未五十三年，朱與秦之逮見不逮見，未可知。攷硯堅序《演段》，在至元壬午，先己亥才十七年。莫若序《玉鑑》，謂朱氏周游湖海

---

①據中國科學院自然科學研究所圖書館藏道光十九年（1839）羅士琳揚州刻本録文。

②梅文穆公，即梅文鼎孫梅瑴成，謚號“文穆”，著有《操縵巵言》《赤水遺珍》各一卷，附於梅文鼎《曆算叢書輯要》（又作《梅氏叢書輯要》）後。

③浼，古同“浼”，懇托。

④秦、李、朱三家，指秦九韶、李冶、朱世傑。

二十餘年，似朱與李猶得相及。又案楊輝字謙光，錢塘人，著《算法》六卷，阮相國文選樓亦有鈔本。一曰《田畝比類乘除捷法上》，二曰《田畝比類乘除捷法下》，三曰《算法通變本末》，四曰《乘除通變算寶》，五曰《法算取用本末》，六曰《續古摘奇算法》。其書淺陋不足觀，金序謂"舍易趨難"，斯言韙矣。楊自序德祐乙亥，爲宋瀛國公元年，亦即元至元十二年，在《海鏡》後、《演段》前，計先是書二十四年。楊與李當爲同時，朱與楊或亦可逮見。綜覈諸家先後，相距未踰六十年。以時攷之，彼時算名最著如李受益、郭邢臺諸公①，亦適值其間，所以曆法大明。又如楊序所偁中山劉先生及史仲榮②，《玉鑑》祖序所偁平陽蔣周等③，雖其書不傳，其人莫攷，而其一時人才之盛，聰明精銳，已可概見，宜乎算之超越今古也。降及明季，以空談爲俊，算學寖失，書亦湮亡，致顧箬溪輩妄刪天元細艸④，遂成絕學。今"十經"惟《綴術》失傳，餘與秦、李諸書，次弟復出，皆收入《四庫全書》。而《玉鑑》亦經吾鄉阮相國續獲鈔録⑤，斯學因得復昌。是書在元時爲趙氏所刊，趙爲惟揚人，乃惟揚轉不可復得，不知何時流入彼中。足見遠人嚮學，知重是書，重爲刊梓，歷五百餘歲，而得以復歸故土。豈非朱氏與吾鄉有緣，抑斯文未墜，冥冥中有嘿爲呵護者邪？

是書匪特與《玉鑑》堪爲表裏，且可與宋已前諸古算書互相參覈。以斠今法之異同，似淺實深。昔梅徵君謂歸除歌括始于前明吳信民《九章比類》⑥，是書"九歸除法"，惟"一歸如一進""五歸添一倍""九歸隨身下"三句，與今文小異，餘悉相同。證以楊氏《乘除通變算寶》卷中所載"九歸新括"，案楊書"九歸新括"下云"以古句人注，兩存之"，其大字古句在上，云"歸數求成十，歸餘自上加半而爲五，計定位退無差"。其每句下小字雙行注云"九歸見一下一，見四五作

---

①李受益，即李謙，字受益。郭邢臺，即郭守敬，邢臺人。

②中山劉先生，指北宋的劉益，著有《議古根源》，原書不存，楊輝《田畝比類乘除捷法》引用22道算題。史仲榮，南宋人，與楊輝同撰《乘除通變本末》卷下。

③蔣周，北宋平陽人，字舜元，著有《益古集》，原書不存，部分算題爲李冶《益古演段》所引用。

④顧箬溪，即顧應祥，號箬溪，著有《測圓海鏡分類釋術》，是對《測圓海鏡》的分類注釋之作。《測圓海鏡》本以天元術爲主要方法，體現在每問的細草中，顧應祥看不懂天元術，於是刪掉細草，爲後人所詬病。

⑤阮相國，指阮元。官至大學士，故稱"相國"。

⑥梅徵君，即梅文鼎。吳信民，即吳敬，字信民，明景泰元年（1450）撰《九章詳注比類算法大全》。

附録一 │ 151

五，遇九成十；其八歸見一下二，見四作五，遇八成十；其七歸見一下三，見三五作五，遇七成十"諸語。雖文句不同，而信非始于吳信民也可知。徽君又謂古算用籌，一至五皆從列，六至九皆橫一于上以當五。是書"明從橫訣"："一從十橫，百立千僵"，凡十二句，與《孫子算經》《夏侯陽算經》約略并同。證以《乾鑿度》"臥算爲年，立算爲日"，要皆詳明算位，固不厪爲用籌言之也。若夫古人行文，有與今法不同者，如今之所謂弦和較，即句較和①，亦即股較較，古則單言和較者，乃勾股和較之省文，已詳釋于《玉鑑細艸》之校演後記矣。又如明程大位《算法統宗》衰分章載有四六差分、二八差分諸術，雖本楊書所引《指南算法》遞取幾分之幾爲率，固亦古法之遺。然是書"差分均配"弟七、弟八兩問，亦有四六、二八諸差分，皆以下一字折差，與弟十問二八折、三七折同例。證以秦氏《數學九章》卷五賦役下弟二問、均科縣稅下二等比中等六四折差科率求之，而用四折者亦合。又東原戴氏初從《永樂大典》中得劉徽所注之《九章》②，因正負術有"正無人負之，負無人正之"，注謂"無人爲無對也"，句未分曉，誤以"人"字爲傳寫之譌，悉改作"入"字。是書"明正負術"下小字雙行案引《九章》注，謂"人"作"入"非。是妄改不始于戴氏，在元時已然。鄭注《周禮》有"重差""夕桀"，錢曉徵詹事疑"夕桀"爲"互乘"之譌③，見《養新錄》。不知"重差""夕桀"二名已雜出秦書卷四測望章，此古名之厪見者。是書求一、穿韜、雙據互換等名，泊貴賤反率、假令率，亦皆近今罕傳。案假令率本劉徽所注之《九章》盈不足章"其貴賤反率"，亦《九章》粟米章謂爲"其率""反其率"是已。求一與秦書所載不同，楊輝《算法通變》有求一代乘除，又有求一除等術是已。穿韜者，代乘代除也，楊書各設三百題，謂之穿除，證以《夏侯陽算經》，亦有身外添幾減幾，并同此法。蓋今之飛歸，實穿韜之一種。互換之名，并見楊書《續古摘奇》及秦書卷六錢穀章，或名互換，或名互易。其中有所謂雁翅乘，與是書"盈不足術"維乘大略相似。維乘之名，《九章》、秦書互見。

---

①句較和，當作句較較。設勾股弦分別爲 a、b、c，弦和較爲弦與勾股和的差：$(a+b)-c$；股較較爲股與勾弦較的差：$b-(c-a)=(a+b)-c$；句較較爲句與勾弦較的差：$a-(c-b)=(a+b)-c$。三者等價。而句較和爲句與股弦較的和：$a+(c-b)$，與勾弦和、股較較不同。

②東原戴氏，即戴震，字東原，乾隆時，參與修《四庫全書》，從《永樂大典》中輯錄《算經十書》。

③錢曉徵詹事，即錢大昕，字曉徵，著有《十駕齋養新錄》。

大氐諸率皆濫觴于宋元以前，然則古法之班班可攷，尚賴是書復顯而爲之佐證焉。

特朝鮮依元大德時趙氏原槧本重雕，其"田畮形段"弟十四問梭田形，圖騎版心，割去上方魚尾，與《玉鑑》首列四元自乘演段及五和五較三圖同病。蓋宋元時，凡書之有圖者，多爲蝴蝶裝，如今之册頁作兩翼相合對形。故雖占中縫，于圖無礙。非若今時書線裝反折，致一圖而分陰陽面各半。然是書之所重不在圖，姑仍其舊。惟朝鮮本之版扇，視近刻《玉鑑細艸》本較廣。今但邲爲縮狹影刊，庶朱氏二書，通爲一律，至款式一依朝鮮原刻。其當時俗寫字，如"那"作"邞"，"臺"作"臺"，"假"或作"偊"，又"厘""卹"之類，不可枚舉，亦不校改。俾存原本之真，慎之至也。至于是書"畹田"之"畹"，并見《玉鑑》。或疑字書所無，案劉徽所注之《九章》，本亦作"畹"，李籍《音義》謂當作"宛"，字之誤也，蓋取《爾雅》"宛中，宛丘"注"中央隆高"之義。今刻從李所改。《楊輝算法》作"畹"，攷《說文》"畹"下注"田三十畮也"，與"中央隆高"義迥別。《夏侯陽算經》"丸田"注"形如覆半彈丸"，術曰"徑乘周，四而一"，與此合。"丸""畹"音近，"畹""畹"形近似。"畹"雖不見于字書，殆如明邢雲路《古今律曆考》"冪積"之"冪"別作"冞"，同爲算書習用字。且《鶡冠子·天權篇》"駒蚳垂輗"之"駒"字、"輗"字，亦字書所無，無可疑義。又是書"遜減""遜因"之"遜"字，凡數見，"遜"在《集韻·十二齊》下，注"田黎切，姓也"，訓與術文不協。據術義，當爲"遞"。《集韻》"遞"或作"递"，想因"递""遜"字形相似而譌，抑"遞""遜"亦算書省筆假借字。無有确據，未敢以臆見率改①，致後之學者滋惑。金序謂"敻以楊輝望海島一章添入卷尾"，案《楊輝算法》卷末所載海島題解，蓋本諸劉徽《海島算經》。彼中未見劉書，不知所本，遂以爲出自楊輝。其前題"今有望海島立二表各五丈"下小字雙行注云"丈當作步"，此亦彼中所校。據楊書及劉徽本經并云"高三丈"，蓋彼中鈔本誤"三"爲"五"，因不合數，轉疑不誤之"丈"字爲誤耳。又楊書及劉徽本經并于術曰"爲法除之"下，有"所得加表高"五字。今朝鮮重刊本無此句，而于案內云"必須敻加表高方准"，此又

---

①敢，"敢"古字。

彼中鈔本奪落之故。其後題，則楊本《九章》以表望山術，而變通諸數也。外此凡字誤、數誤，洎夫圖與式諸誤，悉各鐵出①，別記于後。間有術義隱晦，莫揭其恉，亦各斻詮②，并垁後次。

　　祖序《玉鑑》謂"朱氏復游廣陵，踵門而學者雲集"，夫既曰"雲集"，當不止一二人，曾幾何時，而學者姓氏，莫知誰何，一無可攷。兹吾鄉從事朱氏學者，又復雲集，愳後之無可攷亦如今③，用是臚列。其究心游藝，同治四元，則有江都沈與九_齡、田季華_{普賓}，天長岑紹周_{建功}暨其從子秋舲_淦，全茉金禹谷_{望欣}④。天長乃唐割江都、六合、高郵地所置，初爲千秋縣，尋改今名，本吾郡屬邑。全茉則在隋即屬江都郡。當朱氏游廣陵，其時二邑尚同隸揚州路，故岑與金均得儕吾郡人。其督工校讐，則有儀徵陳樸生_輅、畢蘊齋_{光琦}。而此書之得以復歸吾郡者，爲甘泉汪孟慈_{喜孫}倡其始，皆有功于朱氏者焉。校戢，因書此于簡末，以見是書之可寶，兼知源流云。

　　道光己亥七月既望惟揚後學羅士琳茗香識

---

①鐵，鐫刻，此處爲標記義。

②斻，同"疏"。

③愳，同"懼"。

④茉，同"椒"。

附録二

《算學啓蒙》在日本的流傳及其影響

馮立昇

　　《算學啓蒙》是元代著名數學家朱世傑的數學著作，它在中國最初刊行於 1299 年，再版于明代初年。該書在明代前期已經失傳，直到 1830 年代末中國數學家才獲得它的朝鮮刊本并在中國複刻，使其在中國再度流行開來。這部著作對中國明清數學的發展没有産生大的作用，但它在同時期日本和朝鮮却相當流行，有極大的影響。本文擬對《算學啓蒙》在日本的流播情況作一考述，并對其在和算學發展中的作用加以探討。

1. 《算學啓蒙》在日本的流傳

　　《算學啓蒙》傳入日本的具體年代已不可詳考。現在日本築波大學圖書館所藏的《算學啓蒙》是目前世界上現存的此書最早的版本。（圖 1）此書押有養安院藏書印。養安院是陽成天皇賜給豐臣秀次的侍醫曲直瀬正琳（1564—1611）的號。由於他在文禄四年（1594）治療納言浮田家秀家室的奇疾很有效果，家秀將當時侵朝戰爭中獲得的數百卷書賜與他[1]。由此可知，此書至晚在 16 世紀末已從朝鮮傳入日本。

　　而日本最早翻刻《算學啓蒙》是在萬治元年（1658），由久田玄哲加訓點後刊行。關於久田玄哲訓點本的來源，據《數學紀聞》（另本）稱，此書由久田玄哲在京都東福寺内發現并購入。因此日本學者對於訓點本的底本有兩種説法，一種説法認爲其底本與現存養安院藏本相同，即朝鮮刻本；另一種説法則根據《數學紀聞》得之寺院之説，進一步推測爲鎌倉時代與佛書一同從中國傳來的元刊本。筆者認爲兩種説法都有一定道理，可能性都不排除。

久田玄哲訓點的《新編算學啓蒙》，筆者見到的有萬治元年京都田原仁左衛門的印本三册，還有裝訂一册的同一版本。另一種也爲萬治元年印本，但未注明發行人。玄哲的訓點本，李儼先生也誤認爲是注釋本。他説："吉田光由門人久田玄哲詳注《算學啓蒙》，號爲《算學啓蒙訓點》[2]。"受此説法影響，錢寶琮主編《中國數學史》稱："朱世傑《算學啓蒙》傳入之後，1658 年久田玄哲曾爲之注解，寫成《算學啓蒙訓點》。"[3]由於未能見到原書，他們產生了誤解。圖 2 是由原書複印下的一頁，由此可以看到當時訓點本的形式。

圖 1　現存最早的《算學啓蒙》刊本書影　　圖 2　久田玄哲訓點本《新編算學啓蒙》書影

在久田玄哲訓點木刊行後不久，又有星野實宣的《新編算學啓蒙注解》于寬文十二年（1672）問世，此後又曾再版。此書有星野實宣的注解和説明，因而對於當時的學習者有一定的幫助，對《算學啓蒙》的廣泛流傳起了較大的作用。元禄三年（1690），著名和算家建部賢弘的《算學啓蒙諺解大成》七卷本（圖 3）刊行，此書是建部對《算學啓蒙》深入研究之後完成的，它對原書的內容作了詳細的注解，解明了其全部數學方法，此書對於元代數學知識，特別是天元術

圖 3　建部賢弘的《算學啓蒙諺解大成》書影

和線性方程組的解法在日本的傳播起了很大的作用。此後研究、學習此書的人一直很多，現存數種日本人研究此書的寫本。

筆者曾在日本對此書的流傳情況進行過初步調查，表 1 給出的是具體的調查結果。爲了與現存的中、朝版本進行比較，表中也刊出了此書的部分中、朝版本。

表 1　《算學啓蒙》在日本、朝鮮的流傳情況

1.《算學啓蒙》活字本	9 行 17 字，有養安院藏書印，從朝鮮傳入，醫師曲直瀨家舊藏印本，此書 1595 年前傳入日本，現日本築波大學圖書館藏
2.《算學啓蒙》[訓點]（《新編算學啓蒙》）	久田玄哲訓點。東北大學現存兩種不同印本，均爲萬治元年（1658）版，9 行 17 字，形式與築波大學藏本相同
3.《新編算學啓蒙注解》	星野助門尉實宣注日本東北大學現存兩種不同版本，一種寬文十二年（1672）版，有星野實宣自序。另一種小川多左衛門新版，貞享三年（1686）版，楊柳枝收藏版
4.《新編算學啓蒙諺解大成》	建部賢弘，元祿三年（1690）有兩種版本，茨本方道版和茨城多左衛門版
5.《算學啓蒙重注》	一卷二册，獲山（寫本）寬政八年（1796）序
6.《算學啓明術》	大島流三卷四册（寫本），字保十年（1722）仲喜總寫。東北大學藏
7.《算學啓蒙重注（乾卷）》	一册，寫本，東北大學藏
8.《算學啓蒙重注（坤)》	一册，寫本，日本學士院藏
9.《算學啓蒙》朝鮮版	順治十七年（1660）重刊本；又有乙未（1715?）校正本；庚午（1750?）重刊本；乙未校正、庚午重刊本，10 行 19 字
10.《算學啓蒙》中國版	道光十九年（1839）版，依朝鮮版重刊，10 行 19 字

由此表可知，《算學啓蒙》有訓點本、注釋本、諺解本和重注本等多種版本，表明十七世紀後期以來《算學啓蒙》在日本也非常流行，和算家對《算學啓蒙》十分重視。

2.《算學啓蒙》對日本和算的影響

　　《算學啓蒙》在日本江户時代流傳甚廣，其重要作用是傳播了發達的元代數學知識與方法，對和算的進一步發展起了重要作用。初期和算是在接受中國明代商業實用數學的基礎上形成的，《算法統宗》等明代算書是主要的知識來源。十七世紀後期以來，隨著和算家引進、吸收中算工作的深化，其工作重點已從研究明代數學轉向了以研究宋元數學爲主。和算家對《算學啓蒙》的重視程度也超過了《算法統宗》，《算學啓蒙》在和算理論方法的發展中扮演了更重要的角色。

　　《算學啓蒙》的重要作用是爲和算輸入了天元術這種先進的數學方法，對和算進入以代數學爲中心的階段起了促進作用。和算家對《算學啓蒙》中的天元術知識的理解經歷了一段曲折的過程。開始和算家并不理解天元術的真正含義，雖然和算著作中也時有“以天元一爲實”，“以天元一爲負廉”等語出現，但與明代中算家一樣不解其理。星野實宣雖然對《算學啓蒙》作有注解，但對天元一概念的使用却反映出并没有真正理解原意。直到寬文十一年（1671）澤口一之刊行了《古今算法記》，才使這種狀況發生了變化。

　　《古今算法記》共七卷五册，其中前三卷主要是對《塵劫記》以來的日用算法的解説。在第 3 卷末有對《改算記》遺題的解答。從第 4 卷至第 6 卷是對《算法根源記》150 道遺題做了解答。第 7 卷則是澤口一之提出的 15 問遺題。澤口一之在對《算法根源記》遺題做解答時反復使用了天元術。

　　據大島喜侍的測量術著作《見盤》離卷記載：“橋本傳兵衛正數，住大板。正數及閗人大阪島屋町之住澤口三郎左衛門相共作《古今算法記》行於世，此本邦以天元術著書之始也。”而《數學紀聞》下卷則稱：“在日本天元之祖爲大阪川崎之手代橋本傳兵衛。”由此可知橋本正數與澤口一之是日本最初的天元術傳承者。

　　澤口一之在《古今算法記》中多次提到《算學啓蒙》一書，或引用其內容。他在《古今算法記跋》中説：“夫算道之理，總謂之則方圓之二也。然方理易得，圓理難明矣。近世所刊行閱算書，雖有弧矢弦法，非正術，故謬甚多焉。……圓理難測，和漢共相似，既如《算學啓蒙》有古新蜜（密）之三術。雖然予竊考之，圓理妙術有之，明故有厚志人可面授焉。"[4]

《古今算法記》（1671）的問世，標誌著和算家已經正確理解、消化了天元術，和算從此進入了以代數學爲中心的階段。17 世紀末、18 世紀初，在和算家中興起了學習、應用和研究天元術的熱潮，涌現出大量有關天元術的著作。許多和算書還冠以"天元"之名，如西脅利忠的《算法天元錄》三卷（1697）、佐藤茂春的《算法天元指南》九卷（1698）、中村政榮的《算法天元樵談集》二卷（1702）等都是以天元術爲主要内容的著作。《算學啓蒙》也在此時得到了更爲廣泛的傳播。天元術很快便在日本得到普及。

《古今算法記》後不久，關孝和第一部刊本數學書《發微算法》於延寶二年（1674）問世，此書是爲解答《古今算法記》15 個遺題而作，全部用天元術解題，從此確立了天元術在和算中的中心地位。

和算家不僅全面繼承、吸收了天元術知識，而且在應用和研究天元術以及解決其相應的代數學問題過程中發展出了超過天元術的符號方法，從而使和算發生了新的飛躍。《發微算法》是對《古今算法記》遺題的解答或解釋，因這些遺題都屬多元高次聯立方程問題，所涉及的數量關係都極其複雜，如第 14 問得到的是一個 1458 次的高次方程式的求解問題，而天元術的符號體系在解決這些問題時其局限性便顯現出來，從而導致關氏此後引入新的表示方法來對天元術的表達方式進行簡化和改進。在《解伏題之法》（1683 年重訂）中關氏將傍書法引入天元術的多項式中解決具體的數學問題。和算家對天元術代數學的繼承與發展，提高了和算的符號化程度，導致了和算一系列重要成果的產生，從而帶動了整個和算的發展。日本數學史家普遍認爲，没有天元術和傍書法，日本和算就不會發展，也不會出現角術、綴術等高水準的成果，因而可以説正是天元術以及在其基礎上產生的傍書法奠定了整個和算發展的基礎。

《算學啓蒙》對和算關流學派的創始人關孝和（1640—1708）有極大的影響。齊東野人所著《武林隱見錄》（1738）卷五載有"關新助算術妙有事"一條，其中講述了關孝和的經歷，稱他年青時"收集了各種各樣的算書，讀了後没有不懂的地方。熟讀《算學啓蒙》後，掌握了天元術的道理，在此基礎上自己創出各種新術"。在關流數學傳授中之必須修科目，一直有《算學啓蒙》的内容。《算學啓蒙》除了天元術外，與增乘開方法完全相同的開方術、垛積術以及解線性方程組的方法等内容也對和算産生了重要影響。

參考文獻

[1] 富士川遊. 日本醫學史. 東京：形成社. 1972：285.

[2] 李儼. 中算輸入日本的經過. 中算史論叢（第 5 集）. 北京：科學出版社. 1955：197.

[3] 錢寶琮. 中國數學史. 北京：科學出版社. 1964：228.

[4] 清水布夫校注. 古今算法記. 江户初期和算書選（第 3 卷）. 東京：研成社. 1993.

後 記

2013 年中國珠算成功入選聯合國教科文組織"人類非物質文化遺産代表作名録"。爲了更好地傳承保護和弘揚珠算文化，中國珠算心算協會（以下簡稱"中珠協"）、中國財政科學研究院（以下簡稱"財科院"）珠心算研究中心於 2015 年 5 月啓動了元代著名數學家、教育家朱世傑《算學啓蒙》的校釋工作，并於 5 月 7 日與承擔本書校釋任務的山東棗莊中華珠算博物館簽署了"委託校釋合同書"。中珠協領導非常重視《算學啓蒙》校釋工作，中珠協張弘力會長、王朝才副會長親自參加校釋工作會議并對校釋工作提出要求。

校釋的組織與協調工作由財科院珠心算研究中心主任文志芳和中華珠算博物館館長周廣典負責，分別於 2015 年 10 月和 2016 年 2 月，在山東棗莊市召開了《算學啓蒙》校釋工作會議和推進工作會議。具體校釋校注工作由財科院珠心算研究中心研究員劉芹英博士、棗莊市財政局財政投資評審中心副主任溫冰和珠算選手出身的棗莊市非税收入管理局副局長劉玲等承擔。財科院劉芹英研究員負責總括部分的校注及全書校釋的匯總整理工作。全書校釋工作於 2016 年底初步完成。

爲了保證《算學啓蒙》校注品質，特聘清華大學科學技術史暨古文獻研究所所長馮立昇教授擔任主審。在審定過程中，馮教授認爲原來校注採用的底本《算學啓蒙》清刻本不是最早也不是最好版本，經與中珠協溝通後決定將所依據底本改爲現存《算學啓蒙》最早的版本，即十五世紀朝鮮的銅活字刻本。此外，馮教授還發現原書稿注釋部分比較簡略，其中有些校注不是十分到位，又聘請中國科學院自然科學史研究所圖書館館長助理高峰先生在原有校注書稿的基礎上，進行了重新注釋、補充和進一步完善。

在《算學啓蒙》校釋過程中，中華珠算博物館、清華大學圖書館、中國科學院自然科學史研究所李儼圖書館給予了大力支持，在此表示衷心的感謝。內蒙古師範大學博士研究生司宏偉承擔了本書的文字錄入和部分校對工作，在本出版過程中，得到了中州古籍出版社馬達副總編輯的幫助，在此一併表示感謝！

中國珠算心算協會秘書處

2018 年 7 月